T0074348

Fachwissen Technische Akustik

Diese Reihe behandelt die physikalischen und physiologischen Grundlagen der Technischen Akustik, Probleme der Maschinen- und Raumakustik sowie die akustische Messtechnik. Vorgestellt werden die in der Technischen Akustik nutzbaren numerischen Methoden einschließlich der Normen und Richtlinien, die bei der täglichen Arbeit auf diesen Gebieten benötigt werden.

Gerhard Müller · Michael Möser
Herausgeber

Schallabsorber

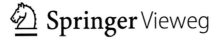

Springer Vieweg

Herausgeber
Gerhard Müller
Lehrstuhl für Baumechanik
Technische Universität München
München, Deutschland

Michael Möser
Institut für Technische Akustik
Technische Universität Berlin
Berlin, Deutschland

Fachwissen Technische Akustik
ISBN 978-3-662-55412-8   ISBN 978-3-662-55413-5 (eBook)
DOI 10.1007/978-3-662-55413-5

Die Deutsche Nationalbibliothek verzeichnet diese Publikation in der Deutschen Nationalbibliografie;
detaillierte bibliografische Daten sind im Internet über http://dnb.d-nb.de abrufbar.

Springer Vieweg
© Springer-Verlag GmbH Deutschland 2017
Dieser Beitrag wurde zuerst veröffentlicht in: G. Müller, M. Möser (Hrsg.), Taschenbuch der
Technischen Akustik, Springer Nachschlagewissen, Springer-Verlag Berlin Heidelberg 2015, DOI
10.1007/978-3-662-43966-1_9-1

Gedruckt auf säurefreiem und chlorfrei gebleichtem Papier

Springer Vieweg ist Teil von Springer Nature
Die eingetragene Gesellschaft ist Springer-Verlag GmbH Deutschland
Die Anschrift der Gesellschaft ist: Heidelberger Platz 3, 14197 Berlin, Germany

Inhaltsverzeichnis

Autorenverzeichnis

Helmut V. Fuchs Stiftung Casa Acustica für besseres Hören, Verstehen, Lernen, Kommunizieren und Musizieren, Berlin, Deutschland

Michael Möser Millstatt, Österreich

Schallabsorber

Helmut V. Fuchs und Michael Möser

Zusammenfassung

Auf ihrem Weg von diversen Quellen zum Hörer durchlaufen Schallwellen die unterschiedlichsten Ausbreitungswege. Es werden vielfältige Möglichkeiten zur Lärmminderung durch Schwächung von Reflexionen an Wänden sowie Absorption in Kanälen, Kapselungen und Abschirmungen aufgezeigt. Innovative Konzepte zur Verbesserung der Deutlichkeit von Sprache und Klarheit von Musik dienen sowohl der Hörsamkeit als auch dem Schallschutz in kommunikativ oder künstlerisch genutzten Räumen. Dazu werden bekannte und alternative passive und reaktive Luftschall dämpfende Materialien und Bauteile mit ihren Wirkungsmechanismen und Ausformungen behandelt. Schalldämpfer und Schallabsorber aus faserigen oder porösen Materialien sind unverzichtbar zur Dämpfung hochfrequenter Anteile. In der täglichen Praxis von Lärmbekämpfung und Raumakustik liegt das eigentliche Problem aber meist bei tiefen Frequenzen, die wegen der hierfür erforderlichen Bautiefe von konventionellen Absorbern nur schlecht zu beherrschen sind und nach praktikablen Alternativen verlangen. Der Beitrag bietet an diesen akuten Bedarf angepasste Problemlösungen an, die sich bereits in der Praxis als effizient und nachhaltig bewährt haben. Die Auslegung, Dimensionierung und Anbringung innovativer Absorber werden jeweils an konkreten Umsetzungsprojekten und typischen Sanierungsfällen im industriellen wie im öffentlichen Bereich verdeutlicht.

H.V. Fuchs (✉)
Stiftung Casa Acustica für besseres Hören, Verstehen,
Lernen, Kommunizieren und Musizieren, Berlin,
Deutschland
E-Mail: hvfuchs@hotmail.com

M. Möser
Millstatt, Österreich
E-Mail: mimoe48@googlemail.com

© Springer-Verlag GmbH Deutschland 2017
G. Müller, M. Möser (Hrsg.), *Schallabsorber*, Fachwissen Technische Akustik,
DOI 10.1007/978-3-662-55413-5_9

1   Einleitung

Dieses Kapitel beschreibt die bekannten passiv, reaktiv und aktiv Luftschall dämpfenden Materialien und Bauteile mit ihren unterschiedlichen Wirkungsmechanismen und Ausformungen. Außerdem wird die Vielfalt heute verfügbarer Möglichkeiten für den Schallschutz an lauten Geräten und Anlagen durch Verhinderung von Reflexionen von Wänden sowie Absorption in Kanälen, Kapselungen und Abschirmungen behandelt, um die Lärmbelastung an Arbeitsplätzen und in der Nachbarschaft zu begrenzen. Es wird aber auch aufgezeigt, wie man durch geeignete Schallabsorber in kommunikativ genutzten Räumen die Akustik hinsichtlich der Deutlichkeit von Sprache sowie der Klarheit von Musik optimieren und so die hier durch ihre Nutzer selbst erzeugte Schallbelastung senken und das Hörerlebnis bei Darbietung und Aufnahme verbessern kann.

Herkömmliche Schalldämpfer und Schallabsorber aus faserigen oder porösen Materialien sind zwar unverzichtbar zur Dämpfung hochfrequenter Anteile der verschiedensten Quellen. In der täglichen Praxis sowohl der Lärmbekämpfung als auch der Raumakustik liegt das eigentliche Problem aber oft bei tiefen Frequenzen, die wegen der für diese erforderlichen Bautiefe von passiven Absorbern nur schlecht zu beherrschen sind. Die folgenden Abschnitte nehmen stets auf diese Schwierigkeit Bezug und bieten dazu auch neuartige Problemlösungen an, die sich bereits in der Praxis bewährt haben.

Getreu dem Anspruch dieses Taschenbuchs wird dabei weniger auf theoretische Ausführlichkeit geachtet; stattdessen stehen unmittelbare Anwendungen im Vordergrund. Die Auslegung, Dimensionierung und Anbringung innovativer Absorber wird jeweils an konkreten Umsetzungsprojekten und typischen Sanierungsfällen verdeutlicht. Eine ausführlichere Darstellung des Standes der Technik bei Schallabsorbern und -dämpfern für den jeweils akuten praktischen Bedarf sowie eine ständig aktualisierte Marktübersicht finden sich in [1].

2   Schallabsorption für Lärmschutz und Raumakustik

Luftschall findet auf vielen Wegen zum Ohr des Hörers. Trifft eine Schallwelle mit der Schallleistung Pi, dem Schalldruck p_i, der Schallschnelle v_i und Frequenz f auf ein gegenüber ihrer Wellenlänge λ sehr großes Hindernis, so wird sie teilweise reflektiert (P_r), u. U. auch gebeugt und gestreut, durchgelassen (P_t), als Körperschall fortgeleitet (P_f), aber auch absorbiert (P_a). Die auftreffende Leistung P_i teilt sich nach Abb. 1 auf in

$$P_\mathrm{i} = P_\mathrm{r} + P_\mathrm{t} + P_\mathrm{f} + P_\mathrm{a}. \tag{1}$$

Handelt es sich bei dem Hindernis z. B. um eine Wand (oder Decke), deren flächenbezogene Masse m''_W groß gegenüber der in der auftreffenden Welle mitbewegten flächenbezogenen Luftmasse m''_A ist,

$$m''_W >> m''_A = \frac{1}{2\pi f}\frac{p_i}{v_i} = \frac{1}{2\pi f}Z_0 = \frac{\rho_0 \lambda}{2\pi}, \tag{2}$$

mit dem Wellenwiderstand

$$Z_0 = \rho_0 c_0$$
$$= 408\, Pa\, s\, m^{-1} \quad (bei\ 20\,^\circ C\ und\ 10^5 Pa), \tag{3}$$

der Dichte $\rho_0 = 1{,}2$ kg m^{-3} und der Schallgeschwindigkeit $c_0 = 340$ m s^{-1} der Luft, so wird nur ein kleiner Teil der Schallleistung durchgelassen oder fortgeleitet. Der größte Teil wird zur Quelle oder in den Raum zurückgeworfen, es sei denn, dass vor, an oder auch in der Wand ein absorbierendes Material oder Bauteil eingebaut wurde, das einen wesentlichen Teil von P_i unmittelbar nach dem Auftreffen „schluckt", d. h. in Wärme umwandelt.

Will man einen solchen Absorber quantifizieren, so kann man hinsichtlich seiner Wirksamkeit für die Sendeseite P_t und P_f zu P_a gegebenenfalls hinzurechnen:

Abb. 1 Weg der Leistung einer Schallwelle, die auf ein absorbierendes Hindernis trifft

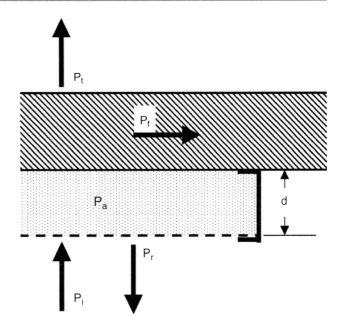

$$\alpha = \frac{P_a + P_t + P_f}{P_i} = \frac{P_i - P_r}{P_i} = 1 - \rho. \quad (4)$$

Der Absorptionsgrad α kann also, ebenso wie der Reflexionsgrad ρ, Werte zwischen nahe 0 und nahe 1 annehmen. Letzterer lässt sich auch durch das Verhältnis der Amplituden des Schalldrucks der reflektierten (p_r) und der auftreffenden Welle, den i.A. komplexen Reflexionsfaktor r, ausdrücken:

$$\rho = \frac{P_r}{P_i} = \frac{p_r^{\,2}}{p_i^{\,2}} = r^2 = 1 - \alpha. \quad (5)$$

Nach [2, Kap. 2–4] kann man r aus der ebenfalls komplexen Wandimpedanz W ableiten, die den Wandaufbau akustisch vollständig beschreibt. Für senkrechten Schalleinfall gilt mit Druck und Schnelle p_W und v_W vor der Wand (W' Realteil, W'' Imaginärteil von W):

$$W = \frac{p_W}{v_W} = W' + jW''; \quad (6)$$

$$r = \frac{W - \rho_0 c_0}{W + \rho_0 c_0} \quad ; \quad \alpha = \frac{4W'\rho_0 c_0}{(W' + \rho_0 c_0)^2 + W''^2}. \quad (7)$$

Man bezeichnet Gl. (7) als „Anpassungsgesetz": die Absorption wird am größten, wenn der Imaginärteil der Impedanz verschwindet. Sie erreicht den Maximalwert 1 aber nur, wenn der Realteil der Impedanz gleich $\rho_0 c_0$ ist. Bei jeder „Fehlanpassung" mit teilweiser Reflexion ($r < 1$) ist das Feld vor dem Reflektor aus einer in x-Richtung fortschreitenden und einer rückläufigen Welle

$$p = p_0 e^{-jkx} + r p_0 e^{jkx}$$
$$= (1 - r)p_0 e^{-jkx} + r p_0 \left(e^{-jkx} + e^{jkx}\right) \quad (8)$$

mit der Wellenzahl $k = 2\pi f/c_0$ zusammengesetzt. Für Anpassung mit $r = 0$ tritt nur die fortschreitende Welle mit konstantem Pegel-Ortsverlauf auf; für Totalreflexion $r = 1$ besteht das Feld aus einer stehenden Welle, deren Pegel örtlich stark schwankt. Allgemein bildet deshalb die Pegeldifferenz

$$\Delta L = L_{\max} - L_{\min} \quad (9)$$

ein Maß für den Absorptionsgrad, s. [3, 4] und Tab. 1. Die Extremwerte für α ergeben sich zum einen bei glatt verputztem oder gefliestem Mauerwerk ($\alpha \approx 0.01$) und zum anderen bei einer

Tab. 1 Pegeldifferenz ΔL in dB in einer ebenen stehenden Welle vor einem mehr oder weniger absorbierenden ebenen Hindernis und zugehöriger Absorptionsgrad α sowie Betrag des Reflexionsfaktors r

α	$\triangle L$	r
0.999	0.6	0.032
0.99	2	0.100
0.9	6	0.316
0.6	13	0.63
0.2	25	0.89
0.01	50	0.99

Tab. 2 Dämpfungskonstante m in 10^{-3}m^{-1} bei der Schallausbreitung in Räumen (bei 20 °C und 50 % Luftfeuchte) und Absorptionskoeffizient α_a in dB km^{-1} im Freien (bei 10 °C und 70 %) sowie akustische Grenzschichtdicke δ in 10^{-6} m bei 20 °C in Luft als Funktion der Frequenz in Hz

f	<250	500	1 k	2 k	4 k	8 k
m	<0.08	0.25	0.75	2.5	7.5	25
α_a	<1	2	4	8	20	50
δ	>95	67	47	34	24	17

besonders ausgestatteten Wandauskleidung reflexionsarmer Räume ($\alpha \approx 0.99$). Die meisten im Bau vorkommenden schallabsorbierenden Materialien und Bauteile mit der Fläche S_i summieren sich mit α_i-Werten zwischen 0,2 und 0,6 bis über 0,8, wie sie „Schluckgrad-Tabellen" z. B. in [5–8] zu entnehmen sind, zur äquivalenten Absorptionsfläche A_S des Raumes. Daneben tragen Möbel, Einrichtungsgegenstände und Akustikmodule, die als Einzelelemente im Raum installiert werden, sowie Personen (A_j) zur resultierenden Absorptionsfläche des Raumes bei:

$$A_S = \sum_i \alpha_i S_i \quad ; \quad A_E = \sum_j A_j. \quad (10)$$

Man kann mindestens sieben Anwendungsbereiche definieren, in denen die Schallabsorption von zentraler praktischer Bedeutung ist:

1. Vor schwach absorbierenden Begrenzungsflächen ($\alpha < 0,2$) ist das Schallfeld gemäß Gl. (9) und Tab. 1 stark ortsabhängig; das erschwert die Ortung von Schallquellen und beeinträchtigt die Klarheit von Musik sowie die Verständlichkeit von Sprache. In solchen Fällen hilft neben der Veränderung der architektonischen Struktur (z. B. Schrägstellung von Fenstern oder Wänden und Anbringung zusätzlich vorgesetzter oder abgehängter Reflektoren oder Diffusoren für die hohen Frequenzen) eben nur Auslöschung der schädlichen Reflexionen durch gezielte Absorption (insbesondere der tiefen Frequenzen).

2. Wenn in einem Theater oder einer Kirche mit großem Volumen V in m³ die Nachhallzeit

$$T = 0.16 \frac{V}{A} \quad (11)$$

wegen zu geringer äquivalenter Absorptionsfläche A in m² nach Gl. (10),

$$A = A_S + A_E + 4Vm, \quad (12)$$

zu groß ist, so leidet meist die Sprachverständlichkeit. Da die Absorption durch Einrichtung und Publikum (A_E) weitgehend vorgegeben wird, muss sich der Akustiker um geeignete Flächen S_i für seine Zwecke bemühen. Weil die Dämpfung auf den Wegen der Schallwellen zwischen zwei Reflexionen (m) zu tiefen Frequenzen hin stark abnimmt (Tab. 2), liegt der Bedarf für große wie für kleine Räume typischerweise bei Absorbern für tiefe, selten für mittlere und hohe Frequenzen, die schon von den diversen Einbauten und Personen stärker geschluckt werden.

3. Bei Schallquellen mit konstant vorgegebenem Schallleistungs-Pegel L_W lässt sich der mittlere Schalldruck-Pegel $\overline{L}$ durch den Einbau von schallabsorbierenden Einbauten und Verkleidungen (A) senken:

$$\overline{L} = L_W - 10\lg A + 6\,dB. \quad (13)$$

Dabei ist es natürlich wichtig, dass ihr Absorptionsspektrum A(f) möglichst gut auf das der jeweiligen Quellen abgestimmt wird. In deren

Nahfeld sind die raumakustischen Maßnahmen allerdings wirkungslos. Trotzdem wird sehr häufig Lärmschutz betrieben, bei dem gemäß

$$\Delta \overline{L} = -10 \lg \frac{A_2}{A_1} \quad (14)$$

eine Verdopplung von A nur eine Absenkung des Raumpegels um gerade einmal 3 dB bewirkt und z. B. Arbeitsplätze in der Nähe lauter Maschinen davon kaum profitieren.

4. In Versammlungs- und Konferenzräumen sowie Mehrpersonenbüros, Restaurants, Klassenzimmern, Kassenhallen usw., wo viele Menschen gleichzeitig ihre Stimme erheben, kann Kommunikation problematisch werden, wenn A zu klein oder falsch abgestimmt ist. Dies kann man generell aus dem Hallabstand von einer Quelle r_H in m ablesen [9], der mit

$$r_H = 0.14 \sqrt{A \frac{\nu P_1}{P_{ges}}} \quad (15)$$

angibt, wo der Schallpegel des Direktschallfeldes gerade dem des aus Vielfachreflexionen sich ergebenden Diffusfeldes nach Gl. (13) entspricht. Man kann zwar die Bedingungen z. B. für einen einzelnen Redner (P_1), sich verständlich zu machen, dadurch etwas verbessern, dass man ihn nicht inmitten des Raumes frei sprechen lässt ($\nu = 1$), sondern vor einer großen reflektierenden Wand ($\nu = 2$), in einer Kante ($\nu = 4$) oder gar in einer Ecke ($\nu = 8$) des Raumes aufstellt. Ähnliche Verbesserungen erreicht man bekanntlich mit trichterförmig vorgehaltenen Händen, einem Kanzeldach [3, Teil 1, § 7] oder Lautsprechern mit starker Bündelung ν.

Es scheint nach Gl. (15) zwar so, dass mit der Anzahl der kommunizierenden Personen (P_{ges}) auch die von ihnen mitgebrachte Absorptionsfläche (A) gleichzeitig proportional zunimmt. Die Erfahrung lehrt aber, dass man sein Gegenüber immer schlechter versteht, je mehr Personen sich versammeln und unterhalten, weil die Teilnehmer Absorption nur

für Frequenzen oberhalb etwa 250 Hz mitbringen. Wenn aber die tiefen Frequenzen unbedämpft bleiben und die Nachhallzeit bei diesen stark ansteigt, füllt ein „Dröhnen" den Raum, welches durch eine Art „Maskierung" die für die Verständigung so wichtigen höheren Frequenzanteile verdeckt [10, 11]. Dies wiederum führt dazu, dass alle Redner gemäß dem nach *E. Lombard* benannten Effekt [12] zum lauteren Sprechen neigen, wodurch sich die Kommunikation weiter verschlechtert, weil der in zweckbestimmt konditionierten Räumen hilfreiche „Cocktailparty-Effekt" [12] nicht zum Tragen kommen kann. Um dieser „Lautheitsspirale" [1, Abschn. 13.1.4] zu begegnen, müssen (gerade auch in kleineren Räumen) Tiefenabsorber für Frequenzen bis 63 Hz herunter zum Einsatz kommen, wie zahlreiche raumakustische Sanierungsmaßnahmen – oft zur Überraschung der Nutzer – nachgewiesen haben, s. [1, Kap. 14; 13].

5. In kleinen bis mittelgroßen Räumen zum Ensemble-Musizieren oder Musikproben und Unterrichten tritt sowohl für die Musiker untereinander wie für den Dirigenten oder den Lehrer ein ähnliches Kommunikationsproblem auf. Mangelnde Tiefen-Absorption bewirkt u. a. dass die für das Ensemble-Spiel wichtigen Bassinstrumente nicht klar durchzuhören sind. Unter den in Orchestergräben und Probensälen vorherrschenden raumakustischen Bedingungen funktioniert das gegenseitige Hören oft so schlecht, dass die Musiker sich lauter als dem Gesamtergebnis zuträglich artikulieren (müssen). Dass man mit geeigneten Schallabsorbern auch an diesen hochwertigen Arbeitsplätzen viel erreichen kann, zeigen erfolgreiche Verbesserungsmaßnahmen wie diejenigen in [1, Abschn. 14.4; 14].

6. Der über die Außenwand ins Gebäudeinnere übertragene Pegel L_i beträgt

$$L_i = L_e - R + 10 \lg S - 10 \lg A \quad (16)$$

mit L_e Außenpegel, R Schalldämmmaß und S Fläche des Bauteiles sowie A Absorptionsfläche des Empfangsraumes. Große Flächen S mit kleinem Schalldämmmaß R (z. B. Fenster und Glasfassaden) führen zu höheren Innenpegeln Li. Das große bewertete Dämmmaß von mehrschaligen Konstruktionen wird oft mit einem Dämmungseinbruch unter 100 Hz erkauft [1, Abschn. 3.7]. Deshalb tritt gerade bei geschlossenen Fenstern typischerweise der tieffrequente Teil des Verkehrslärms, des Lärms von Diskotheken oder von industriellen Abluftanlagen als eigentliche Störung in Erscheinung. Auch relativ leichte biegeweiche Schalen, wie sie hier und da im Hochbau wie im Maschinenbau vorkommen, verlieren nach dem Massegesetz [15],

$$R = 20 \lg m_W + 20 \lg f - 45 \, \text{dB}, \qquad (17)$$

zu den tiefen Frequenzen hin um 6 dB pro Oktave an der sonst nur durch ihre flächenbezogene Masse m_W in kg m^{-2} bestimmten Dämmung.

7. Die geltenden Anforderungen, Richtlinien und Messvorschriften, die Emission, Transmission und Immission von Schall in Gebäuden betreffend, schenken mit den üblichen Einzahl-Angaben dem Frequenzbereich unter 100 Hz generell noch viel zu wenig Beachtung. Bei der Auslegung von Schalldämpfern für Lüftungskanäle hingegen ist es seit langem selbstverständlich, ihre Wirksamkeit dem jeweils durch die Anlage, z. B. ihre Strömungsmaschine, vorgegebenen Emissionsspektrum L_W anzupassen. Dabei wird allerdings oft, wie bei der Schalldämmung, bei hohen Frequenzen übertrieben. Auf dem Weg über große Entfernungen s in m bleiben nämlich gemäß

$$\begin{aligned} L_i = &L_W - D_e + \text{DI} + 10 \lg \nu \\ &- 20 \lg s - \sum D_i - 11 \, \text{dB} \end{aligned} \qquad (18)$$

mit einem Richtwirkungsmaß DI z. B. nach [1, Abschn. 17.7.4] und Umgebungseinfluss (ν) wie unter Fall (4) im Immissionspegel L_i wiederum nicht selten vor allem die tieffrequenten Geräuschanteile übrig, weil alle

Dämpfungseinflüsse auf dem Ausbreitungsweg s und eventuell vorhandene Abschirmungen (D_i) grundsätzlich bei hohen Frequenzen höhere Werte erreichen als bei tiefen. Die Absorption z. B. bei der Schallausbreitung im Freien,

$$D_\text{a} = \alpha_a s, \qquad (19)$$

beträgt nach Tab. 2 oberhalb 2,5 kHz bereits mehr als 10 dB/km, ist aber unterhalb 250 Hz vernachlässigbar. Die Einfügungsdämpfung D_e der regelmäßig in die Kanäle oder Schornsteine einzubauenden Dämpfer verlangt daher von den darin eingesetzten Absorbern sehr häufig einen möglichst hohen Absorptionsgrad gerade bei den tiefen Frequenzen, um nach W. Piening [16] gemäß

$$D_e = 1.5\,\alpha\,\frac{U}{S_S}\,L \qquad (20)$$

weit unterhalb der „Durchstrahlungs"-Frequenz [17] bei vorgegebener Länge L in m sowie absorbierender Berandung U in m und freiem Querschnitt S in m^2 des Schalldämpferaufbaus wirksam werden zu können. Da aber dicke Kulissen in Kanälen und Schornsteinen hohe Druckverluste und damit Betriebskosten verursachen [1, Abschn. 17.6], können nur passiv wirkende poröse/faserige Absorber viele dieser Lärmprobleme nicht lösen.

8. Auch in Maschinen und Anlagen oft sehr eng umschließenden Schallkapseln bleibt meist nur wenig Platz für eine absorbierende Auskleidung, die nicht nur bei hohen, sondern auch bei mittleren und tiefen Frequenzen wirken könnte. Außerdem spricht hier ihre gleichzeitig hohe Wärmedämmung gegen den Einsatz von dickeren porösen oder faserigen Dämpfungsschichten. Eine hohe Schalldämmung R der meist geschlossenen Stahl-Paneele als außen liegende Wandelemente einer Schallschutz-Haube allein hilft nicht viel, wenn nicht im selben Frequenzbereich auch ausreichend Absorption in ihrem Inneren installiert ist. Die Einfügungsdämmung De einer Kabine als

Abb. 2 **a** Einhausung von Menschen , **b** oder Lärmquellen als Schallschutzmaßnahme [18]

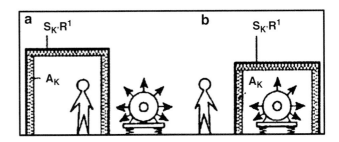

Lärmschutz für Personen oder einer Kapsel als Maßnahme an der Quelle nach Abb. 2 hängt gemäß

$$D_e = R - 10\lg\frac{S_K}{A_K} = R - 10\lg\frac{1}{\overline{\alpha_K}} \qquad (21)$$

nicht von der Größe S_K der geschlossenen Einhausung, aber stark von der äquivalenten Absorptionsfläche A_K bzw. dem mittleren Absorptionsgrad $\overline{\alpha_K}$ ihrer Auskleidung ab.

9. Zu den am meisten überschätzten Lärm mindernden Maßnahmen gehören Schallschirme, jedenfalls bei ihrem konventionellen Einsatz in geschlossenen Räumen mit schallharten Wänden und Decken. Im besten Fall wird ihre abschirmende Wirkung gemäß

$$D_s = 10\lg\left(1 + 20\frac{h_{eff}^2}{s\lambda}\right) \qquad (22)$$

vom Verhältnis der effektiven Schirmhöhe h_{eff} einerseits zur Wellenlänge λ und andererseits zum Abstand s von Sender und Empfänger vom Schirm, wiederum insbesondere hinsichtlich tiefer Frequenzen, stark begrenzt. Dabei werden die in Abb. 3 angedeuteten Werte nur erreicht, wenn alle beteiligten Flächen im jeweiligen Frequenzbereich voll absorbierend gestaltet sind.

3 Passive Absorber

Alle Schallabsorber, ob passiv, reaktiv oder aktiv, folgen gemäß Gl. (7) dem Prinzip, den Schallwellen bei ihrem Auftreffen möglichst einen Wider-

stand W in der Nähe der Anpassung $W = \rho_o\, c_o$ entgegenzusetzen. Wäre die Schichtdicke d eines Absorbermaterials aus Fasern oder offenzelligem Schaum sehr groß, so wäre nach [19]

$$W = \rho_0 c_0 \frac{\sqrt{\chi}}{\sigma}\sqrt{1 - j\frac{\sigma\Xi}{2\pi f\,\rho_0\chi}} \qquad (23)$$

durch die folgenden Materialparameter charakterisiert:

a) Porosität σ mit dem akustisch wirksamen Luftvolumen im Absorber (V_L) und seinem Gesamtvolumen (V_A), Gesamtvolumen (VA),

$$\sigma = \frac{V_L}{V_A} \leq 1 \qquad (24)$$

b) Strukturfaktor χ mit dem an der Kompression (V_K) bzw. Beschleunigung (V_B) beteiligten Luftvolumen,

$$\chi = \frac{V_K}{V_B} \geq 1, \qquad (25)$$

c) längenbezogener Strömungswiderstand Ξ mit dem Druckabfall Δp bei gleichmäßigem Durchströmen einer Absorberschicht der Dicke Δx mit der Geschwindigkeit v,

$$\Xi = \frac{\Delta p}{v\,\Delta x}. \qquad (26)$$

Für sehr kleine Strömungswiderstände oder sehr hohe Frequenzen vereinfachen sich die Gl. (23), (6) und (7),

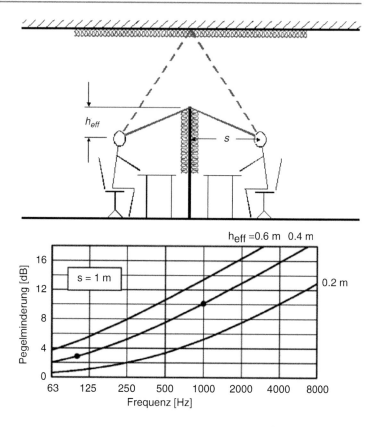

Abb. 3 Maximal mögliche Abschirmung D_S nach Gl. (22) für verschiedene Schirmhöhen h_{eff} und $s = 1$ m bei vollständig absorbierenden Begrenzungen [1, Abschn. 3.11]

$$\Xi \ll 2\pi \rho_0 f \quad \rightarrow \quad W = \rho_0 c_0 \frac{\sqrt{\chi}}{\sigma};$$

$$\alpha = \frac{4}{2 + \dfrac{\sigma}{\sqrt{\chi}} + \dfrac{\sqrt{\chi}}{\sigma}}, \qquad (27)$$

und zeigen, dass für Fasermaterialien mit nur wenig von 1 abweichenden Kenngrößen σ und χ, wie sie üblicherweise für akustische Zwecke eingesetzt werden, sich W dem Wert $\rho_o c_o$ und α dem Wert 1 nähert ("Anpassung"). Eine ebene Schallwelle würde in diesem Grenzfall exponentiell mit dem Laufweg im Material abklingen, nach [2, Kap. 8] mit einem Exponenten

$$\mu \sim \sqrt{\frac{\sigma \, \Xi \, f}{\rho_0 \, c_0^{\,2}}}. \qquad (28)$$

Gl. 28 zeigt die charakteristische Eigenschaft aller passiven Schallabsorber, bei höheren Frequenzen stärker zu dämpfen als bei niedrigen.

Nun soll aber der Schall auf einem möglichst *kurzen* Weg (d in Abb. 1) durch den Absorber zur reflektierenden Wand und auf dem Weg zurück durch Reibung der in der Welle mitbewegten Luftteilchen an dem sehr fein strukturierten faserigen oder offenporigen Material seine Energie an den sich im Übrigen passiv verhaltenden Absorber abgeben. Dann genügt es offenbar nicht mehr, Ξ nur möglichst klein zu machen, für 100 Hz nach Gl. (27) z. B. weit unter 750 Pa s m^{-2}. Tatsächlich kommen für die Lärmbekämpfung und Raumakustik überwiegend Materialien mit $\Xi > 7\,500$ Pa s m^{-2} in Betracht. Damit der Schall einerseits möglichst ungehindert in einen Absorber endlicher Dicke d eindringen kann, sollte Ξ nicht zu groß gemacht werden. Damit er aber auf seinem zweifachen Weg durch den Absorber dennoch hinreichend starken Reibungsverlusten ausgesetzt wird, sollte Ξ andererseits genügend groß sein. Für die Bauteil-Kenngröße Strömungswiderstand (Ξ im Produkt mit der Schichtdicke d, bzw. dieser Wert bezogen auf den Wellenwiderstand $\rho_o\,c_o$) hat sich generell der Bereich

$$800 < \Xi d < 2400\,Pa\,s\,m^{-1} \text{ bzw.}$$

$$2 < \varepsilon = \frac{\Xi d}{\rho_0\,c_0}\,\frac{\sigma}{\sqrt{\chi}} < 6 \qquad (29)$$

als „optimal" herausgestellt, s. [20, Bild 6.13]. Das „Anpassungsverhältnis" ε ist in Abb. 4 als Funktion von Ξ mit d als Parameter und $\sigma \approx \chi \approx 1$ nach [17] dargestellt. Die etwas schematisierte und normierte Darstellung in Abb. 5 zeigt, dass für Schichtdicken $d << \lambda$ auch bei

optimaler Anpassung keine hohen Absorptionsgrade α erreicht werden können. Bei $d \geq \lambda/8$ kann man

$$\alpha \geq 80\ \% \text{ für } d \geq \frac{42.5}{f}\,10^3 \qquad (30)$$

erwarten, aber erst für $d > \lambda/4$ wird $\alpha > 0{,}9$. Die Absorption bei Fehlanpassung und die eines geschichteten Absorbers sind in [1, Abb. 4.3 und 4.4] dargestellt.

Diese äußerst einfache Dimensionierungsvorschrift für alle homogenen porösen/faserigen Materialien, die in der Praxis nur irgendwo als

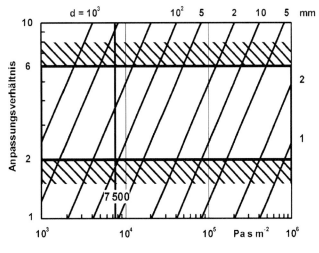

Abb. 4 Anpassungsverhältnis ε als Funktion des Strömungswiderstandes Ξ für verschiedene Schichtdicken d [17]

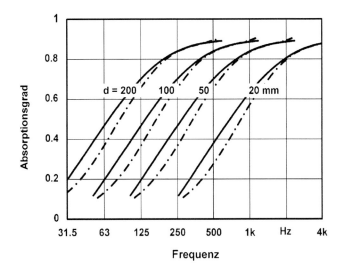

Abb. 5 Auslegungshinweise für poröse/faserige Absorber mit optimalem Anpassungsverhältnis $\varepsilon = 2$ bis 6 für diffusen (—) bzw. senkrechten (– · –) Schalleinfall

Schallabsorber oder -dämpfer infrage kommen, suggeriert eine geradezu universelle Einsetzbarkeit. Man beachte aber, dass zur Absorption bei 100 Hz mit $d = 500$ mm das optimale Ξ nach Abb. 4 zwischen 1 600 und 4 800 Pa s m^{-2}, also wiederum unterhalb des Strömungswiderstandes üblicher Absorptionsmaterialien, liegt. Derart lockeres Material wäre selbst im Bereich der Raumakustik, gut geschützt und verpackt, nicht verwendbar. Auch in meterdicken Schalldämpfer-Kulissen hinter Faservlies und Lochblech empfiehlt es sich nicht, die tiefen Frequenzen mit Material optimalen Strömungswiderstandes mit entsprechend niedrigem Raumgewicht und geringer Festigkeit zu bedämpfen. Für die reflexionsarme Auskleidung von Freifeld-Räumen zu Messzwecken ging man deshalb zu $\lambda/4$ – langen Keilen oder Pyramiden über, die in ihrer Eintrittsebene den Schallwellen einen von $\rho_o\, c_o$ nur wenig abweichenden Widerstand entgegensetzen, aber auf ihrem nach konventioneller Auslegung insgesamt mindestens $\lambda/2$ langen Laufweg hin zur Wand und wieder zurück dennoch fast alle (ca. 99 %) ihrer Energie durch Dissipation im faserigen/porösen Material entziehen. Es versteht sich von selbst, dass man derartigen Auskleidungen mit Keillängen t_K in mm nach

$$t_K = \frac{85}{f} 10^3 \qquad (31)$$

von z. B. 1 700 mm für 50 Hz durch zusätzliche Armierungen oder akustisch transparente Abdeckprofile Halt und Schutz geben muss, damit sie dauerhaft „in Form" bleiben. Trotz dieser Einschränkungen für die praktische Realisierung kann man die durchgezogenen Kurven in Abb. 5 generell als Referenzkurven für passive Absorber bei statistischem, die strichpunktierten bei senkrechtem Schalleinfall zur Orientierung heranziehen, auch wenn es sich um ganz unterschiedliche Materialien und Konstruktionen, aber gleiche Bautiefen handelt.

3.1   Faserige Materialien

Die hier zunächst angesprochenen Absorber, überwiegend aus künstlichen Mineralfasern hergestellt,

bezeichnet man als passiv, weil sie – trotz ihres in der Regel sehr niedrigen Raumgewichts $\rho_A \approx$ 30 bis 150 kg m^{-3} – von Schallwellen praktisch nicht zum Mitschwingen angeregt werden. Ihre Strukturen – so zerbrechlich und empfindlich sie gegenüber mechanischer Beanspruchung auch sein mögen – sind i. A. schwer genug, um beliebigen Luftschallfeldern im Hörbereich keinerlei Angriffsfläche zu bieten. Man kann hier zusammenfassen, dass insbesondere faserige Materialien mit einer Schichtdicke von 50 bis 100 mm geradezu ideale Schallabsorber für den Frequenzbereich oberhalb etwa 500 bis 250 Hz darstellen. In diesem Frequenzbereich lässt sich die jeweils erforderliche Absorption nach dem oben Gesagten einfach abschätzen. Um im kHz-Bereich kräftig absorbieren zu können, reichen auch ein dickerer Teppich oder Stofftapete von 5 bis 10 mm Dicke aus, allerdings mit einem Strömungswiderstand von, am besten, mehr als 10^5 Pa s m^{-2}.

Für alle faserigen Absorber gilt, dass ein sie gegen Abrieb schützendes, entsprechend dichtes Faservlies dem optimalen Strömungswiderstand des Gesamtaufbaues nach Gl. (29) angepasst sein muss. In [1, Abb. 4.3 und 4.4] wurde ausgeführt, wie poröse/faserige Materialien Schall absorbieren, wenn ihr Strömungswiderstand nicht optimal angepasst ist. Strömungswiderstände verschiedener gebräuchlicher Stoffe finden sich z. B. in [5, Tafel 3; 6, Tab. 4.2]. Eine als Rieselschutz häufig vor dem Absorber angeordnete Folie darf, um den Schalleintritt nicht wesentlich zu behindern, gegenüber der in der Welle mitbewegten Luftmasse nach Gl. (2) nicht zu schwer (m_F'') bzw. dick (t) sein:

$$m_F'' = \rho_F\, t << m_A'' = \frac{\rho_0 c_0}{2\pi} \frac{1}{f}. \qquad (32)$$

Damit der Transmissionsgrad der Folie $\tau_F = P_t/P_i$ auch nur mindestens 80 % beträgt, sollte ihre Masse m_F'' in kg m^{-2} nach [4] und [7]

$$m_F'' \leq \frac{90}{f} \qquad (33)$$

sein, für $f > 250$ Hz also $m_F'' < 360$ g m^{-2}, für 2 500 Hz aber nur 36 g m^{-2}. Diese Abschätzung gilt allerdings nur dann als sicher, wenn die Folie frei beweglich bleibt, also nicht (wie allgemein üblich) zwischen der Absorberfüllung und einem Lochblech eingezwängt wird, s. [19, Abb. 6–17, 6–18]. Einer Abdeckung aus einem widerstandsfähigen Stoff oder Vlies ist der Vorzug zu geben, insbesondere wenn letztere auf eine faserige Platte oder Matte aufkaschiert sind.

Soll eine Lochplattenabdeckung als Sicht- und Berührungsschutz den Schall ebenfalls nur zu 80 % durchlassen, so müssen nach [5, 6] die effektive Plattendicke t_{eff} in mm und das Lochflächen-Verhältnis σ entsprechend

$$\frac{t_{eff}}{\sigma} \leq \frac{75}{f} \, 10^3 \quad ; \quad t_{eff} = t + 2\,\Delta t \quad (34)$$

gewählt werden. Aus [6, Abb. 4.11] lassen sich die Mündungs-Korrekturen $2\,\Delta t$ ablesen, um welche die Plattendicke t bei unterschiedlicher Lochgeometrie vergrößert wirkt. Abdeckungen mit einem Perforationsgrad von üblicherweise $\sigma > 0.3$ sind dennoch bis zu sehr hohen Frequenzen als akustisch transparent zu betrachten. Für viel kleinere σ siehe [19, Abb. 6–16] und Abschn. 6.2.

Zum Einfluss von Raumgewicht, Stopfdichte und Temperatur auf die Wirksamkeit faseriger Schallabsorber wird auf [17, 19, 21, 22] verwiesen. Es sei hier aber deutlich gesagt, dass auch detailliertere Berechnungen für faserige Schichten mit den verschiedensten Abdeckungen wegen der i. A. recht großen Streuungen aller Materialdaten bei ihrer Herstellung immer nur eine grobe Abschätzung darstellen und bei der Planung regelmäßig Prüfergebnisse aus dem Kundt'schen Rohr für senkrechten bzw. dem Hallraum für statistischen Schalleinfall für die auf dem Markt in sehr großer Vielfalt erhältlichen Faser-Absorber zugrunde gelegt werden. Für eine umfassende Übersicht von konventionellen faserigen Materialien und Bauteilen wird auf [6, Tab. 4.3], sowie auf die Prospekte potentieller Lieferanten verwiesen. Allein die mehr als 50 Formgebungen für flächige und kompakte, anliegende bzw. abgehängte Auskleidungen, Balken, Kegel, Baffles in den Tafeln 5 und 6 von [5] könnten eine ergiebige Fundgrube für Architekten abgeben, die ihren

Bauwerken nicht nur statischen und visuellen sondern auch akustischen Wert mitgeben wollen.

Die massenweise Verwendung künstlicher Mineralfasern z. B. als Auskleidung im Plenum eines Windkanals, als Schalldämpfer in Strömungskanälen oder im Rückkühlwerk eines Kernkraftwerks wird in [1, Abschn. 15.2.2, 17.3, 17.7 und S. 697 ff.] ausführlich beschrieben. Neuerdings kommen sie aber auch als besonders breitbandig wirksame Kanten-Absorber nach Abschn. 9.1 u. a. in Unterrichts- und Speiseräumen zunehmend zum Einsatz.

3.2   Offenporige Schaumstoffe

Kunststoff-Schäume, deren feine Skelettstrukturen kleine Poren im Sub-Millimeter-Bereich untereinander offen halten, wirken in erster Näherung gemäß Gl. (23, 24, 25, 26, 27, 28, 29, 30 und 31) ganz ähnlich wie die faserigen Schallabsorber gemäß Abb. 5. Bei bestimmten Weichschäumen kann man bei tieferen Frequenzen, bei denen nach Gl. (2) auch erhebliche Luftmassen in Bewegung gesetzt werden, ein Mitschwingen des Materials beobachten und für schalltechnische Optimierungen nutzbar machen. Die hohe Flexibilität, leichte Verarbeitung und Formbarkeit sowie haltbare Verbindungsmöglichkeiten mit anderen Materialien, auch durch dauerelastische Verklebungen, machen Schäume zu einem wichtigen alternativen Schallabsorber im Lärmschutz wie in der Raumakustik. Hier seien besonders die Anwendungen in den Schalldämpfern am Gebläse und in den Kollektoren am Plenum aeroakustischer Windkanäle nach [1, Abschn. 15.2] erwähnt. Als strömungsgünstig geschnittene Formteile können diese porösen Absorber z. B. den Leitblechen in den Umlenkecken großer Luftführungen angepasst werden. Im Kfz-Akustik-Windkanal der Universität Stuttgart sind mit einer sehr dünnen Verhautung versehene Schaumstoff-Profile ohne Spuren von Abrieb oder Alterung seit 1993 Anströmgeschwindigkeiten bis 137 km h^{-1} (38 m s^{-1}) ausgesetzt, s. Abb. 6 und Abschn. 4. Vor Allem kommen aber bevorzugt Melaminharzschäume in den Verbundplatten-Resonatoren und Breitband-Kompaktabsorbern nach Abschn. 5.3 und 9.5 zum Einsatz. Dieses Material findet sich

Abb. 6 8,5 m hoher
Umlenk-Schalldämpfer
gemäß Abb. 35 im FKFS-
Windkanal der Universität
Stuttgart (links) mit
Schaumstoff-Belegungen
aerodynamisch optimierter
Profile (rechts) und
Membran-Absorber-
Kulissen nach Abschn. 6.3
[1, Abschn. 4.2 und 15.3]

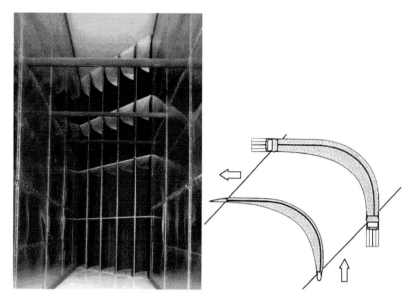

auch in fast allen Komponenten einer inzwischen
ausgedehnten Familie von hochwirksamen Schallabsorbern für alle Arten von reflexionsarmen Räumen, s. Abschn. 9.6.

Der Trend zu organischen (z. B. Seegras, Ko-
kosfasern, Holzschnitzeln) oder tierischen Materialien (z. B. Schafswolle) als umweltfreundlichem
Ersatz für künstliche Mineralfasern ist zwar nach
kurzem Boom wieder abgeklungen. Man kann
aber festhalten, dass auch weiterhin alle porösen
oder faserigen Stoffe mit in etwa optimalem Strömungswiderstand nach Gl. (28) als Dämpfungsmaterial infrage kommen, s. z. B. das Ergebnis für
einen unterschiedlich genadelten Gipsschaum in
[23, Abb. 9.4]. So kann man z. B. eine ver-
schmutzungsempfindliche Mineralfaser-Füllung
in einer Schalldämpfer-Kulisse zunächst mit ge-
eignetem Vlies oder Folie abdecken und davor
eine dünnere (weil viel teurere) Schicht aus Edel-
stahlwolle hinter Lochblech anbringen. Eine derart verkleidete Kulisse lässt sich leichter z. B. mit
Druckluft oder Wasserstrahl rückstandsfrei von
Ablagerungen aus dem Fluid reinigen. Wenn
man stattdessen Aluminiumspäne als Schallabsorber einsetzen möchte, muss man das Material nur
genügend dicht stopfen, um eine Absorption wie
mit einer gleich dicken Mineralfaser-Schicht zu
erreichen, s. [24, Teil 1; Abb. 11]. Es ist jedenfalls
nicht notwendig, die Porengröße, Spandicke oder

Faserstärke, wie bei Mineralfasern üblich, im μm-
Bereich zu suchen, s. [22, Tab. 17], wenn man mit
diesen diversen fein strukturierten Materialien
neben der Schalldämpfung nicht gleichzeitig die
Wärmedämmung optimieren möchte. Schließlich
liegt die Dicke der akustischen (Zähigkeits-)
Grenzschicht an einem ebenen Hindernis,

$$\delta = \sqrt{\frac{\eta}{\rho_0\,\omega}} = \frac{1500}{\sqrt{f}}, \qquad (35)$$

mit der dynamischen Zähigkeit von Luft
$\eta = 0{,}018$ g m^{-1}s^{-1} bei 20 °C bei mittleren und
tiefen Frequenzen f in Hz auch nur im Sub-Millimeter-Bereich, s. Tab. 2.

3.3   Geblähte Baustoffe

Zu den unabsichtlichen Dämpfungseffekten im
Bau gehören Kanten, Spalte, Nischen und Hohl-
räume, auch wenn sie anderen Zwecken dienen
sollen, z. B. der Erhöhung der Diffusität von
Schallfeldern. So können Lüftungs- und andere
haustechnische Komponenten erheblichen Einfluss auf die raumakustische Planung haben. Es
gibt aber auch eine ganze Reihe von Bauteilen an
Wänden und Decken, die neben statischen auch
Schall absorbierende Aufgaben gezielt überneh-

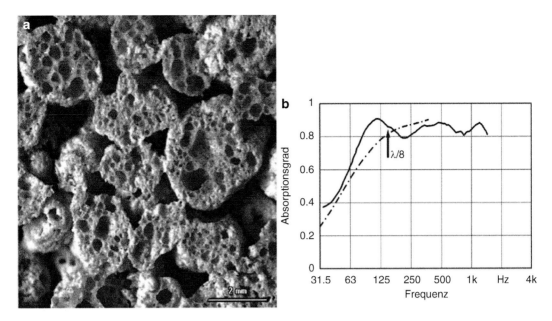

Abb. 7 **a** Schnitt und **b** Absorptionsgrad bei senkrechtem Schalleinfall eines aus drei jeweils 100 mm dicken Schichten aus 230, 250 und 275 kg m^{-3} aufgebauten Glasschaumes im Vergleich mit einem gleichdicken Absorber nach Abb. 5

men können. Dazu gehören Bauteile aus Blähton, Porenbeton und besonders geformte Loch- oder Hohlblocksteine. Wenn die darin vorgegebene Porosität nicht durch dichte Putze oder Abdeckungen verschlossen wird, kann man auch in inhomogenem porösen Material selbst bei einem nach Gl. (29) keinesfalls optimalen Strömungswiderstand einen mehr oder weniger breitbandigen Absorptionsgrad um 0,8 erwarten. Allerdings tritt z. B. für ein haufwerksförmiges Lavagestein mit $\chi \cong 4$ und $d = 120$ mm bei etwa 800 Hz entsprechend $d \cong \lambda/2$ ein Dämpfungs-Minimum in Erscheinung und erst bei $d \cong 3\lambda/4$ ein zweites Maximum, s. [1, Abb. 4.7]. Wenn man aber als Ausgangsmaterial einen durch und durch offenporig und genügend fein strukturierten Glasschaum nach [1, Abschn. 4.3] zum Einsatz bringt, dann kann man, wie Abb. 7 zeigt, bei einiger Optimierung eine Absorptions-Charakteristik vergleichbar mit derjenigen einer Mineralwolleschicht erreichen.

Die Geräuschminderung von breitbandig 8 dB in einer Werkstatt durch die Belegung ihrer Decke und Teile der Wände mit nur 50 mm dicken Glasschaumplatten sowie die Auskleidung der Decken über den Bahnsteigen und Gleisen des Bahnhofs Potsdamer Platz in Berlin werden in [1, Abschn. 14.7] ausführlich behandelt. Glasschaumplatten haben sich auch bestens in Lärmschutzwänden an Straßen und Schienenwegen bewährt, s. Abschn. 9.2.

4 Modale Schallfelder bei tiefen Frequenzen

Entsprechend ihrer im Markt bisher dominierenden Präsenz nehmen passive Absorber in allen zitierten Standarddarstellungen von Schallabsorbern und -dämpfern den weitaus größten Raum ein, auch weil ihre Wirkungsweise, Auslegung und Anwendung relativ einfach zu beschreiben sind. Der vorliegende Abschnitt dient dagegen der Schilderung von reaktiven Absorbern, welche auftreffende Schallwellen nach Abb. 1 und Gl. (4) nicht nur schlucken, sondern auch mit dem anliegenden Schallfeld in Wechselwirkung treten.

Am deutlichsten kommt diese Reaktion bei der Bedämpfung der Eigenresonanzen von Räumen zum Ausdruck, die mindestens in einer Dimension kleiner als etwa 5 m sind. Im Frequenzbereich zwi-

Abb. 8 Berechnete
Schallpegelverteilung der
Mode 1,1,0 bei $f = 55$ Hz
über dem Boden (oben) und
„über Eck" gemessene
Übertragungsfunktion
(unten) in einem
ungedämpften Quaderraum
($V = 60$ m^3)

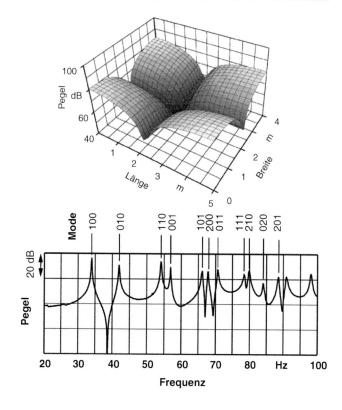

schen 200 und 50 Hz, gegebenenfalls bis 31 Hz herunter, prägen stehende Wellen („Moden") ähnlich denen im eindimensionalen Fall (s. den Text nach Gl. (8) und Tab. 1) ihr Schallfeld. Abb. 8 zeigt für einen quasi unbedämpften 5 × 4 × 3 m großen Quaderraum in einer zwischen zwei diagonal gegenüber liegenden Ecken gemessenen Übertragungsfunktion kaum mehr als zehn sehr stark hervortretende Resonanzen entsprechend [2, Kap. 11] bei

$$f_{n_x,\ n_y,\ n_z} = \frac{c_0}{2}\sqrt{\left(\frac{n_x}{l_x}\right)^2 + \left(\frac{n_y}{l_y}\right)^2 + \left(\frac{n_z}{l_z}\right)^2};$$
$$n_x,\ n_y,\ n_z = 0,\ 1,\ 2\ \ldots$$

$$(36)$$

Die räumliche Pegelverteilung in einer Ebene 1,3 m über dem Boden für die 1,1,0-Mode bei 55 Hz zeigt maximale Differenzen $\Delta L > 30$ dB zwischen der Mitte und den vier Kanten des Raumes. Wenn man seine unvermeidbare Wandabsorp-

tion bei jeder einzelnen Mode n aus ihrer Nachklingzeit (für 60 dB) T_n in s nach [2, Kap. 9] als

$$\delta_n = \frac{6.9}{T_n} \qquad (37)$$

(z. B. aus Messungen wie in [26] beschrieben) in der Rechnung berücksichtigt, lässt sich das Schallfeld in diesem Referenzraum für zahlreiche Untersuchungen bei sehr tiefen Frequenzen in guter Übereinstimmung mit Messungen bestimmen. Aber jeder schallhart belassene Raum, auch völlig unsymmetrische Schallkapseln für laute Maschinen, Fahrgasträume von Kfz, Studios für die Aufnahme und Bearbeitung von Audioproduktionen und Hallräume zum Messen des Absorptionsgrades von Bauteilen sowie der Leistung von Schallquellen, ja sogar „Freifeld"-Räume zeigen bei tiefen Frequenzen ein ganz ähnliches Verhalten: der Raum dröhnt, alle darin wirksamen Quellen werden selektiv verstärkt bzw. in ihrem Klang und Abstrahlverhalten stark beeinflusst;

akustische Messungen sind nur mit besonderen Vorkehrungen möglich, die in [1, Abschn. 11.15.9] eingehender beschrieben wurden.

Für einen Quaderraum mit $l_x > l_y > l_z$ bzw. einen Würfel ergibt sich die tiefste Resonanz bei

$$f_1 = \frac{c_0}{2l_x} \quad bzw. \quad f_1 = \frac{c_0}{2\sqrt[3]{V}} \quad (38)$$

Unterhalb dieser unteren Grenzfrequenz verhält sich der Raum zunehmend wie eine als Ganzes und gleichphasig anregbare Druckkammer. Oberhalb f_1 dominieren die Modalfelder. Zwischen zwei Resonanzen nach Gl. (36) lässt sich der Raum, auch mit einem Sinus-Ton, nur schwach anregen. Ab einer nicht so eindeutig bestimmbaren höheren Frequenz f_s rücken die Resonanzen so eng zusammen, dass z. B. innerhalb einer Terz bereits mehr als 20 enthalten sind und deshalb das Schallfeld für die genormten raum- und bauakustischen Messungen als genügend gleichförmig („diffus") anzusehen ist. In [27] wird die Zunahme der Eigenfrequenzen N zwischen 0 und f nach

$$N = \frac{4\pi}{3c_0^3}f^3 V + \frac{\pi}{4c_0^2}f^2 S + \frac{1}{8c_0}f L \quad (39)$$

mit Volumen $V = l_x\, l_y\, l_z$ in m^3, Fläche $S = 2(l_x\, l_y + l_x\, l_z + l_y\, l_z)$ in m^2 und Kantenlänge $L = 4(l_x + l_y + l_z)$ in m angegeben. Für Messungen mit relativ konstanter Bandbreite $\Delta f/f_m$ kann man die Frequenzdichte (bezogen auf die jeweilige Bandbreite Δf) abhängig von der Band-Mittenfrequenz f_m in Hz abschätzen nach

$$\Delta N = C_3 \left(\frac{f_m}{c_0}\right)^3 V + C_2 \left(\frac{f_m}{c_0}\right)^2 S + C_1 \frac{f_m}{c_0} L \quad (40)$$

mit den in Tab. 3 für verschiedene Bandbreiten angegebenen Konstanten. Näherungsweise gilt Gl. (40) auch für von der Quaderform abweichende Räume, wenn auch nicht für ausgesprochene Flachräume.

Die zweite Grenzfrequenz f_s, oberhalb welcher ein Diffusfeld angenommen werden darf, wird nach [28] bzw. [29] etwas unterschiedlich angegeben,

Tab. 3 Konstanten zur Berechnung der Anzahl der Eigenfrequenzen eines Raumes innerhalb einer vorgegebenen Bandbreite nach Gl. (40)

$\Delta f/f_m$	C_3	C_2	C_1
$1/\sqrt{2}$ (Oktave)	8.89	1.11	0.087
$1/\sqrt[3]{2}$ (Terz)	2.96	0.37	0.029
$1/\sqrt[12]{2}$ (Halbton)	0.74	0.09	0.007

$$f_s = \frac{3c_0}{\sqrt[3]{V}} \quad bzw. \quad f_s = \frac{2c_0}{\sqrt[3]{V}}. \quad (41)$$

Zwischen f_1 und f_s verbirgt sich der wohl wichtigste, aber lange sträflich vernachlässigte Frequenzbereich für den Lärmschutz und die akustische Qualität in Räumen jeder Nutzungsart, bei flachen Räumen auch jeder Größe, in dem Modalfelder dominieren, s. Abb. 9. An anderer Stelle werden die besonderen Probleme bei den tiefen Frequenzen, in der technischen Lärmbekämpfung bis 31 Hz, in der akustischen Raumgestaltung mindestens bis 63 Hz herunter, intensiver behandelt, s. insbesondere [1, Kap. 2 und Kap. 11 bis 16] sowie [30].

Bei der Entwicklung spezieller Tiefenabsorber und zum Vergleich der Wirksamkeit ihrer verschiedenen Bauformen hat sich ein Messverfahren im Raum nach Abb. 8 für den Bereich sehr geringer Eigenfrequenzdichte ($\triangle N < 5$ pro Terz) gut bewährt. Dazu misst man, ähnlich wie in einer „Hallkammer" nach [2, Kap. 11, S. 258], die bereits zur Bestimmung der Modendämpfung in Gl. (36) eingeführte Nachklingzeit an sorgfältig der Modenstruktur angepassten Messpunkten [24, Teil 2; Abb. 3] mit Sinus-Anregung einmal ohne ($T_{n,o}$) und zum anderen mit ($T_{n,m}$) dem Prüfling an ausgewählten Positionen des Raumes. Man kann dann, in Analogie zum Hallraum-Verfahren [29], mit dem Volumen V in m^3 und der Fläche des Absorbers S_A in m^2 einen „effektiven" Absorptionsgrad

$$\alpha_e = 0.16 \frac{V}{S_A} \left(\frac{1}{T_{n,m}} - \frac{1}{T_{n,0}}\right) \quad (42)$$

ermitteln. Man muss sich nur klar sein über die in [1, Kap. 2] und [24, Teil 2; Abschn. 5] ebenfalls beschriebenen Grenzen dieses Messverfahrens.

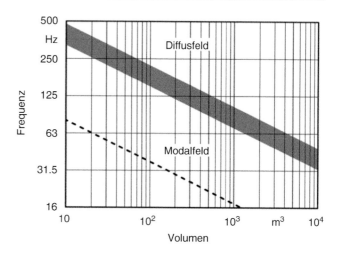

Abb. 9 Frequenzbereiche für ein vorwiegend modales bzw. diffuses Schallfeld in einem würfelförmigen Raum in Abhängigkeit vom Volumen. Graubereich, siehe Gl. (41); – – – erste Eigenresonanz des Raumes, siehe Gl. (36)

Für den zweiten Bereich mit $5 < \triangle N < 20$ pro Terz kann zeitsparend mit Terzrauschen aus einer Ecke heraus angeregt und in anderen Ecken das Abklingen (T_n) aller Eigenfrequenzen des jeweiligen Frequenzbandes gemessen werden. Für den dritten Bereich mit $\triangle N > 20$ pro Terz kann man schließlich die α_s-Messung in enger Anlehnung an DIN EN 20354 bzw. EN ISO 354–2003 durchführen. Dabei hat sich in zahlreichen Untersuchungen bestätigt, dass eine gewisse Grunddämpfung des Mess- oder Hallraumes in mindestens zwei seiner unteren Ecken die Wiederholgenauigkeit und Reproduzierbarkeit in anderen Räumen für Frequenzen mindestens bis 200 Hz hinauf deutlich verbessert [31]. Es sei aber nochmals betont, dass in dem für die Raumakustik wie für die Lärmbekämpfung so wichtigen Frequenzbereich, wo Absorber mit dem Schallfeld unvermeidbar reagieren, ein wie auch immer gemessenes $\alpha(f)$ eine nur mit entsprechender Erfahrung nutzbare Kennzeichnung darstellt. Noch mehr, als bei den eigentlich nur für höhere Frequenzen entwickelten Normverfahren schon, gilt für die tiefen, dass man Produktvergleiche nur bei sehr engen Vorgaben hinsichtlich der Prüfräume und der Anordnung des Prüflings darin sinnvoll anstellen kann.

5 Plattenresonatoren

Abschn. 3.1 hat sich bereits – im Zusammenhang mit der als Rieselschutz üblichen Abdeckung von Faserabsorbern – mit Folien als vorgesetzte luftundurchlässige Schichten beschäftigt. Dort sollte die Masse nach Gl. (32) und (33) eine gewisse Grenze nicht überschreiten, um den Schalleintritt in das poröse Material als dem eigentlichen Absorber möglichst wenig zu behindern. In Abschn. 6.2 wird beschrieben, wie mit nur teilweiser, z. B. streifenförmiger Abdeckung eines hinter den so gebildeten Eintrittsschlitzen dicht gepackten porösen oder faserigen Materials breitbandig wirksame Absorber für mittlere Frequenzen geschaffen werden können. Der vorliegende Abschnitt beschäftigt sich mit reaktiven Absorbern mit schallundurchlässigen Schichten, deren flächenbezogene Masse m'' nicht klein, sondern groß gegenüber der in der auftreffenden Welle mitbewegten Luftmasse nach Gl. (2) ist. Eine solche Masse kann mit dem Schallfeld nur reagieren, wenn sie als Teil eines Resonanzsystems anregbar gemacht wird. Dies geschieht am einfachsten durch eine Platte, die im Abstand d zu einer schallharten Rückwand auf einer Unterkonstruktion befestigt wird (Abb. 10). Im Inneren des durch eine Plattenbewegung komprimierbaren Luftraumes sollte nach herkömmlicher Vorstellung eine dünnere Schicht (d_α) aus einem faserigen oder offenporigen Dämpfungsmaterial mit einem Strömungswiderstand Ξ d_α, der im optimalen Fall wieder Werten nach Gl. (29) entspricht [27], so eingebaut werden, dass sie nach Möglichkeit die Platte nicht berühren und deren Schwingungen daher nicht direkt behindern, sondern nur indirekt bedämpfen kann.

5.1 Folienabsorber

Wenn die schwere Schicht 1 in Abb. 10 selbst keine Steifigkeit aufzuweisen hat, trifft die nach Abb. 1 auffallende Schallwelle auf die Wandimpedanz gemäß Gl. (6)

$$W = r + W_m + W_s \quad ; \quad W_m = j\omega m'' = j\omega \rho_t t \quad (43)$$

mit der etwas schwer zu quantifizierenden Reibung r in Pa s m^{-1}, nach [19] näherungsweise $r = \Xi\, d_\alpha/3$, sowie der flächenbezogenen Masse m'' in kg m^{-2} der Platte mit der Dicke t in mm sowie der Kreisfrequenz $\omega = 2\pi f$. Für Luftkissen, deren Dicke d klein gegenüber $\lambda/4$ ist, reduziert sich deren Impedanz auf ihre flächenbezogene Federsteife s'' in Pa m^{-1}:

$$W_s = -j\rho_0 c_0 \cot\frac{\omega d}{c_0} \cong -j\frac{\rho_0 c_0^2}{\omega d} = -j\frac{s''}{\omega}. \quad (44)$$

Die stärkste Reaktion zeigt dieser Resonator, wenn der Imaginärteil von W verschwindet. Dies ist bei der Resonanzfrequenz f_R in Hz mit d in mm der Fall bei

$$f_R = \frac{1}{2\pi}\sqrt{\frac{s''}{m''}} \cong \frac{c_0}{2\pi}\sqrt{\frac{\rho_0}{m'' d}} \cong \frac{1\,900}{\sqrt{m'' d}}. \quad (45)$$

Damit lässt sich W, normiert auf $\rho_0 c_0$, schreiben als

$$\frac{W}{\rho_0 c_0} = \frac{r}{\rho_0 c_0} + j\frac{\sqrt{m'' s''}}{\rho_0 c_0}\left(\frac{f}{f_R} - \frac{f_R}{f}\right)$$
$$= r' + jZ'_R F. \quad (46)$$

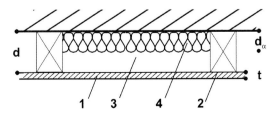

Abb. 10 Klassischer Platten-Resonator aus einer geschlossenen Schicht der Masse m'' (1); einem unnachgiebigen Rahmen (2); einem Luftkissen der Dicke d (3); einer Dämpfungsschicht der Dicke d$_\alpha$ (4)

Der normierte Resonator-Kennwiderstand

$$Z'_R = \frac{Z_R}{\rho_0 c_0} = \frac{\sqrt{m'' s''}}{\rho_0 c_0} = \sqrt{\frac{m''}{\rho_0 d}} \quad (47)$$

ist eine Funktion nur der Größe der Masse und der Feder des Resonators und er bestimmt nach Gl. (7),

$$\alpha = \frac{4r'}{(r'+1)^2 + (Z'_R F)^2} = \frac{\alpha_{max}}{1 + \left(\frac{Z'_R}{r'+1}F\right)^2};$$
$$F = \frac{f}{f_R} - \frac{f_R}{f}, \quad (48)$$

im Produkt mit der Frequenzverstimmung F den Absorptionsgrad α bei senkrechtem Schalleinfall. Man erkennt an Gl. (48) dreierlei:

- Der maximal mögliche Absorptionsgrad $\alpha_R = 1$ kann nur mit optimaler Dämpfung ($r' = 1$ bzw. $r = \rho_0 c_0$) bei der Resonanzfrequenz erreicht werden ($F = 0$ bzw. $f = f_R$).
- Unabhängig vom Wert der Absorption bei Resonanz, α_R (f_R), klingt α zu beiden Seiten von f_R mit wachsendem $|F|$ umso stärker ab, je kleiner der Reibungswiderstand r' ist.
- Während sich der r'-Einfluss auf die Bandbreite nur etwa um einen Faktor 5 ändern lässt ($r' \approx 0{,}2$ gegenüber $r' \approx 1$), stellt der im Produkt mit F auftretende Kennwiderstand Z'_R einen Einstellparameter für die mit einem solchen reaktiven Absorber erreichbare Breitbandigkeit dar, der um Größenordnungen variieren kann. Dieser Sachverhalt wird in Abb. 11 über einer mit der Resonanzfrequenz f_R normierten Frequenzskala dargestellt.

Die optimale Auslegung eines Masse-Feder-Systems erfolgt vor allem durch Wahl des Kennwiderstandes Z'_R. Die für breitbandige Absorption wichtigste Auslegungsregel besteht demnach darin, sowohl m'' als auch s'' – unabhängig vom jeweiligen f_R – möglichst klein zu wählen. Es bestätigt sich damit, dass Tiefenabsorber nicht allein durch große Massen zu bewerkstelligen sind. Nicht nur aus akustischer Sicht sollte nach [6] der Wandabstand (d in mm) weder zu groß

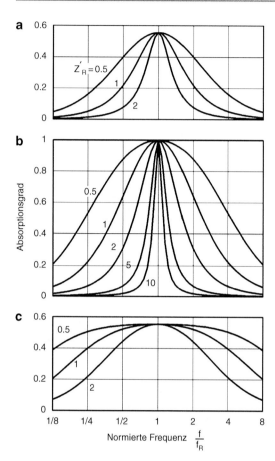

Abb. 11 Absorptionsgrad α eines einfachen Masse/Feder-Schwingers in Abhängigkeit von der Frequenz f und dem normierten Kennwiderstand Z'_R; **a** schwach bedämpft ($r' = 0.2$); **b** optimal bedämpft ($r' = 1$); **c** stark bedämpft ($r' = 5$)

noch zu klein gegenüber den zu dämpfenden Wellenlängen λ sein:

$$\frac{3400}{f} = \frac{\lambda}{100} < d < \frac{\lambda}{12} = \frac{28}{f} \, 10^3. \quad (49)$$

Große Bautiefen d sind generell bei Wandverkleidungen unerwünscht; man muss deshalb danach trachten, über möglichst kleine Massen m'' zu kleinen Werten für Z'_R zu kommen. Dagegen spricht aber bei diesem Resonator seine zentrale Auslegungsregel Gl. (45), weshalb auch die konventionellen Tiefenabsorber nach diesem Prinzip stets nur relativ schmalbandig wirken bzw. nur α-Werte unter 0,5 erreichen, siehe die mehr als 30 Beispiele der üblichen Sperrholz-, Holzspan-

und Gipskartonplatten mit bzw. ohne Hinterfüllung des Hohlraums in [5, Tafel 7.1].

Etwas günstiger sieht die Auslegung von Resonatoren mit dünneren Kunststofffolien oder Metallmembranen für mittlere Frequenzen aus, insbesondere wenn mehrere Schichten hintereinander angeordnet werden. Legt man die Resonanzen von drei hintereinander angeordneten Folien durch entsprechende Wahl ihrer Flächengewichte und Abstände zueinander weit auseinander, so zeigen Messung und Rechnung in [32] deutlich getrennte α- Maxima [25, Abb. 9.10]. Liegen die Resonanzen enger beisammen, so erscheint die Absorption der geschichteten Anordnung etwas gespreizt. Abb. 12 zeigt einen Absorber, der zwischen 200 und etwas oberhalb 2 000 Hz gut 60 % absorbiert. Die Rechnung simuliert den nach [33] entwickelten Folienabsorber aus tiefgezogenen Becherstrukturen, wie er in [1; Abschn. 5.1] beschrieben und in einigen Reinraumbereichen zum Einsatz gebracht wurde – aus einem transluzenten Material, das sich leider mit der Zeit unansehnlich verfärbte. Inzwischen wurde dieses Produkt aber durch die hier in Abschn. 9.2 beschriebenen mikroperforierten Folien ersetzt, die mit ihren glatten, ebenen Flächen der architektonischen Gestaltung und den hygienischen Anforderungen noch besser entgegen kommen [25].

5.2 Plattenschwinger

In der mehr theoretisch gehaltenen Literatur wird ein elastischer Plattenresonator behandelt [22], bei welchem eine Frontplatte 1 nicht nur als Ganzes gegen die Feder des Luftkissens 3 und u. U. auch der Auflage 2 in Abb. 10, sondern stattdessen bzw. zusätzlich bei ihren Biegeschwingungs-Eigenfrequenzen Luftschall absorbieren soll. In [32] wird dem gemäß [33, 34] mit parallel geschalteten Impedanzen

$$W_{mn} = \frac{B' B_{mn} \delta_{mn}}{\omega L^4} + j \left[\omega m'' A_{mn} - \frac{B' B_{mn}}{\omega L^4} \right]; \quad (50)$$
$$m, n = 1, 3, 5 \dots$$

einer quadratisch angenommenen Platte der Kantenlänge L und der Dicke t sowie flächenbezogenen Masse m'' und Biegesteife B',

Abb. 12 Berechneter
Absorptionsgrad α_0 von
Folien vor schallharter
Wand; einfache Anordnung
($- - -$); dreifache
Anordnung (—)

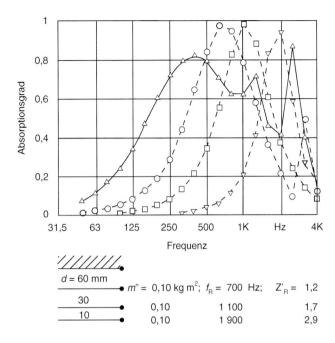

gefundenen Eigenfrequenzen stimmen bei den
kleinen ($L = 0,2$ m) untersuchten Testobjekten

$$B' = \frac{E\,t^3}{12\,(1 - \mu^2)} \qquad (51)$$

mit dem Elastizitätsmodul E und der Poissonzahl μ
(z. B. 0,3 für Stahl) nachgegangen. Die Konstanten
A_{mn} und B_{mn} wurden dabei [34] (vGl. Tab. 4) für
frei aufliegende (dickere) bzw. fest eingespannte
(dünnere) Platten entnommen, die entsprechenden
Verlustfaktoren in [32] aus zahlreichen Modell-
messungen im Kundt'schen Rohr an $L = 0,2$ m
großen Platten empirisch zu $\delta_{11} = 0,3$ und $\delta_{13} =$
$\delta_{31} = \delta_{33} = 0,1$ ermittelt. Um ei ne näherungsweise Übereinstimmung mit der Rechnung zu
erreichen, musste also die Grundmode (wohlge-
merkt *ohne* jedes Dämpfungsmaterial an der Platte
oder im Hohlraum) stärker gedämpft als alle höheren Moden angenommen werden.

Die in [32] experimentell und theoretisch aus

$$W = W_{mn} - j\frac{\rho_0 c_0{}^2}{\omega d}\ ;$$

$$f_{mn} = \frac{c_0}{2\pi}\ \sqrt{\frac{\rho_0}{m''\,d\,A_{mn}}\left(1 + \frac{d\,B'}{L^4\ \rho_0 c_0{}^2}\ B_{mn}\right)}$$

$$(52)$$

zwar auch für mehrschichtige Anordnungen aus
Aluminium bis $t = 0,8$ mm recht gut überein.
Bei $d = 30\ldots50$ mm dicken Luftzwischenräu-
men bleiben sie aber, alle noch weit oberhalb
125 Hz, so weit auseinander und derart schmalbandig, dass man daraus folgern muss, dass derartige Plattenresonatoren in der angewandten
Akustik so keine große praktische Bedeutung
erlangt hätten. Dies bestätigt die praktische
Erfahrung in [5, 6], dass man die kleinste Plat-
tenabmessung nicht unter 0,5 m und ihre Fläche
nicht kleiner als 0,4 m² wählen sollte, um bei
geeigneter Dämpfung im Hohlraum wenigstens
die Feder-Masse-Resonanz nutzen zu können, so
gut dies eben bei einer festen Einspannung der
einzelnen Paneele am Rand überhaupt möglich
ist. Selbst dann gilt die Auslegung dieser Resonanzabsorber wegen einer Vielzahl von Einflüs-
sen von der Art der Befestigung zwischen 1 und
2 in Abb. 10 noch als stets unsicher, und es wird
in [5, 6] empfohlen, sich im konkreten Fall
immer auf Messergebnisse abzustützen. Zu
einem anderen, zu viel tieferen Frequenzen reich-
enden und breitbandiger arbeitenden Plattenresonator kann man aber gelangen, wenn man seinen
Aufbau in einigen wesentlichen Merkmalen ver-
ändert.

Tab. 4 Bei der Berechnung der Eigenfrequenzen nach Gl. (52) von am Rande aufliegenden quadratischen Platten auftretende Konstanten [34]

Auflage	A_{11}	$A_{13} = A_{31}$	A_{33}	B_{11}	$B_{13} = B_{31}$	B_{33}
fest	2.02	10.8	57.1	2640	1.9×10^5	2.8×10^6
frei	1.52	13.7	123	592	1.3×10^5	3.9×10^6

5.3   Verbundplatten-Resonatoren

Diese bestehen aus einer 0,5 bis 2,5 (oder gar 3) mm dicken Stahlplatte, die auf ihrer ganzen Fläche und am gesamten Rand frei schwingfähig und anregbar gelagert wird. Für derart schwere Platten ($5 < m'' < 25$ kg m^{-2}), wie man sie sich nach Gl. (45) oder (52) schon vorstellen muss, wenn man bei Bautiefen von nur $50 < d < 100$ mm in den Frequenzbereich $100 > f > 50$ (oder gar darunter) vorstoßen will, ist ohne Weiteres klar, dass man mit lockerer Dämpfung im Hohlraum ohne Kontakt zur Platte keine optimale Bedämpfung aller Plattenschwingungen nach Gl. (52) erreichen kann. Ausgehend von dem dicht gestopften Folienabsorber in [2, Abb. 61] kann man aber vermuten, dass auch ein inniger Verbund der Frontplatte (mit sehr geringer innerer Reibung wie bei Stahl) mit einem eng anliegenden, aber die Schwingungen nicht behindernden elastischen Material mit hoher innerer Reibung vorteilhaft ist. Dies geschieht am besten dadurch, dass man die Platte ganzflächig auf einer Elastomerschicht „schwimmen" lässt.

Wenn letztere nach Abb. 13c z. B. aus einer Weichschaumplatte nach Abschn. 3.2 mit ca. 40 kg m^{-3} besteht, die in etwa die Abmessungen der Frontplatte oder sogar (wie bei der Anwendung in Abschn. 9.9 beschrieben) etwas größere besitzt, so können beide Schichten im Verbund vor einer schallharten Rückwand (oder auch, mit einer zweiten schweren Schale, als Baffle) vom dieses Flächengebilde umgebenden Schallfeld zu sehr vielfältigen, aber stets stark gedämpften Schwingungen angeregt werden.

Ein solcher sehr universell einsetzbarer Akustikbaustein verwirklicht als erstes den Masse-Feder-Resonator nach Abschn. 5.1. Da eine hochdämpfende Platte das Luftkissen ersetzt hat, entfällt für die meisten Anwendungen der schalltechnische Bedarf für zusätzliche Kassettierungen, Unterkonstruktionen oder Rahmen. Die Resonanzfrequenz dieses Verbundsystems,

$$f_d = \frac{c_d}{2\pi}\sqrt{\frac{\rho_d}{\rho_t t d}} = f_R \sqrt{\frac{E_d}{E_0}}, \qquad (53)$$

verschiebt sich dennoch u. U. nur unwesentlich gegenüber f_R in Gl. (45), wenn die Dehnwellengeschwindigkeit c_d in der dämpfenden Platte etwa im gleichen Maße gegenüber c_0 verkleinert wie $\sqrt{\rho_d}$ gegenüber $\sqrt{\rho_0}$ vergrößert wird oder, anders gesagt, wenn der Elastizitätsmodul der Dämpfungsschicht nur wenig von $E_0 = 0{,}14 \cdot 10^6$ Pa (für Luft bei 20 °C) abweicht (z. B. für Weichschaum: $0{,}1 < E < 0{,}8 \cdot 10^6$ Pa). Gegenüber Anordnungen wie in Abb. 10 kann die Verbundplatte freier in allen ihr selbst eigenen Moden schwingen, wenn die Dämpfungsschicht diese Schwingungen, etwa wie ein „Antidröhn"-Belag, nur ebenfalls ungehindert mitmacht und dabei bestimmungsgemäß dämpft. *E.E.F. Chladni* [35] hat bereits *1787* auf ebenen quadratischen Platten ohne jede Randeinspannung ihre Eigenresonanzen, zur Verblüffung seiner Zeitgenossen, sichtbar gemacht, indem er sie mit einem „Staub" aus Sand, Sägemehl oder dergleichen bedeckte. Abb. 14 zeigt die mit einem Laser-Vibrometer sicht- und messbar gemachte Auslenkung einer $1{,}5 \times 1$ m großen und 1 mm dicken Stahlplatte, zum einen wenn diese waagerecht auf einem schmalen, 100 mm hohen Holzrahmen vor einem harten Boden (ohne Dämpfung des Hohlraumes) aufgelegt bei der (5,3)-Mode nach Gl. (52) bei der Frequenz 50 Hz mit einem Lautsprecher frontal aus etwa 1 m Entfernung angeregt wird. Die Platte kann offenbar, trotz der allerdings relativ „weichen" Auflage, bis in die Randbereiche sehr gut schwingen. Zum anderen ist in Abb. 14 die Auslenkung bei gleicher Anregung mit 76 Hz darge-

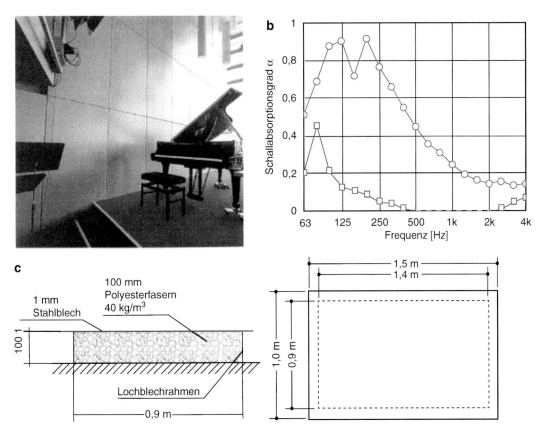

Abb. 13 a Verbundplatten-Resonatoren aus 1 mm starken Stahlplatten können konventionelle Platten-Resonatoren aus 7 mm starken Sperrholz-Paneelen brand- und schalltechnisch vorteilhaft ersetzen; Plenarsaal in der Akademie der Künste Berlin [1, Abschn. 12.8], **b** im Hallraum gemessener Absorptionsgrad für VPR (○) bzw. Holzpaneele (□), **c** jeweils im Abstand von 100 mm zur Massivwand

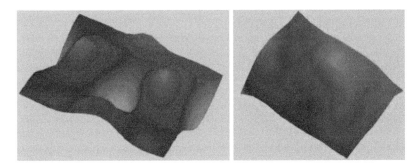

Abb. 14 Momentanwert der mit einem Laser-Vibrometer gemessenen Auslenkung einer 1500 × 1000 × 1 mm großen Stahlplatte bei Anregung mit Luftschall; rechts: Platte auf 100 mm Holzrahmen, Anregung bei 50 Hz; links: Platte auf 100 mm Melaminharzschaum, Anregung bei 76 Hz

stellt, wenn dieselbe Platte ganzflächig auf einer 100 mm dicken Platte aus Melaminharzschaum (ohne Rahmen) aufliegt.

Die mathematische Beschreibung der freien Plattenschwingungen endlicher Ausdehnung ist nicht trivial, s. [35–39]. Da es aber um ein Modell

Abb. 15 Absorptionsgrad α_0 bei senkrechtem Schalleinfall auf eine 1.70 × 0.65 m große, 0.2 mm dicke Edelstahl-Platte als fest schließender „Deckel" einer d = 100 mm tiefen starren „Wanne" mit Mineralfasereinlage gemäß Abb. 10 ($\rho = 50$ kg m^{-3}, $\Xi = 2.18\ 10^4$ Pa sm^{-2}); $d_\alpha = 88$ (□), 50 (○), 0 mm (△)

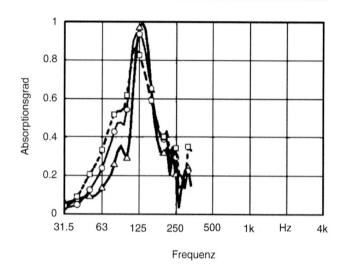

für einen Breitbandabsorber geht, soll die Abschätzung der Resonanzfrequenzen für die aufgestützte Rechteckplatte hier genügen:

$$f_{m_x n_y} = \frac{\pi}{2} \sqrt{\frac{B'}{m''}} \left[\left(\frac{m_x}{L_x}\right)^2 + \left(\frac{m_y}{L_y}\right)^2 \right]$$

$$= 0.45\, c_t\, t \left[\left(\frac{m_x}{L_x}\right)^2 + \left(\frac{m_y}{L_y}\right)^2 \right] \quad (54)$$

mit m_x, $m_y = 1, 2, 3 \ldots$. Für eine $t = 2$ mm dicke $L_x = 1{,}5$ m x $L_y = 1$ m große Platte aus Stahl mit einer Dehnwellengeschwindigkeit $c \approx 5\ 100$ ms^{-1} läge die tiefste Eigenfrequenz etwa bei $f_{1,1} = 6{,}6$ Hz, also weit unter der Feder-Masse-Frequenz nach Gl. (45) von $f_R = 48$ Hz für $d = 100$ mm. Die Anzahl der Eigenfrequenzen in einem bestimmten Frequenzband $\triangle f$ steigt nach [40, Abschn. 4.3] gemäß

$$\Delta N = 1.75 \frac{S_A}{c_t t} \Delta f \quad ; \quad S_A = L_x L_y \quad (55)$$

im Gegensatz zu den Raumresonanzen nach Gl. (40) mit der Mittenfrequenz nicht an. Trotzdem ergeben sich für das obige Beispiel in der 50-Hz-Oktave bereits neun, in der 100-Hz-Oktave sogar 18 Eigenfrequenzen. Dies ist in jedem Fall genug, um für jede der Raum-Moden nach

Abschn. 4 eine Plattenresonanz zur Dämpfung bereit zu halten.

Abb. 15 zeigt die Absorption eines konventionellen Plattenresonators nach Abschn. 5.2 bestehend aus einer $t = 0{,}2$ mm dicken Edelstahlplatte vor einem $d = 100$ mm tiefen Hohlraum. Seine Resonanzfrequenz $f_R \approx 150$ Hz nach Gl. (45) verschiebt sich erwartungsgemäß nur wenig, seine Absorption steigt aber merklich bei tiefen Frequenzen an, wenn im Hohlraum ein nach Gl. (29) optimaler Strömungswiderstand $\Xi\, d = 1\ 090$ bzw. $1\ 740$ Pa s m^{-1} eingebracht wird.

In [24, Teil 2, Abschn. 6.4] und in [1; Abschn. 5.3] wurden systematische Absorptionsgradmessungen an Verbundplatten-Resonatoren in unterschiedlichen Abmessungen und Aufbauten im großen Impedanzkanal, im kleineren Kundt'schen Rohr und im Quaderraum nach Abschn. 4 ausführlich dargestellt. Zum Vergleich mit anderen Produkten wurden auch zahlreiche Messungen im angemessen bedämpften Hallraum nach [1, Abb. 5.14] durchgeführt. Abb. 13b zeigt zunächst das schmalbandig dürftige Ergebnis für einen konventionellen Platten-Resonator, bestehend aus 7 mm dicken furnierten Sperrholz-Paneelen mit einer losen Hinterfüllung aus 40 mm Mineralwolle mit einer Rohdichte von 50 kg m^{-3} und $\Xi = 16$ kPa s m^{-2} im 100 mm tiefen Hohlraum. Er sollte im ca. 1 700 m^3 großen Plenarsaal der 2004 erbauten Akademie der Künste am Brandenburger Tor in Berlin auf ca. 150 m^2 einer Brandwand zum benachbarten Bankgebäude großflächig angebracht werden, um passive Schallabsorber, wie in [1, Abschn. 11.15.1 f.] beschrieben, zu den Tiefen hin zu ergänzen. Bedenken hinsichtlich Brandschutz und die höhere akustische Wirksamkeit brachten stattdessen Verbundplatten-Resonatoren mit 1 mm dicken Stahl-Schwingblechen auf einem Polyester-Vlies mit 40 kg m^{-3} und etwa gleicher Bautiefe zum Einsatz. Die breitbandig hohe Absorption der VPR in (Abb. 13b) sollte sich kaum ändern, wenn in diesem Fall auf ihrer Vorderseite noch ein 1 mm dickes Echtholz-Furnier aufkaschiert und ähnlich wie bei den zunächst geplanten Sperrholz-Paneelen farblich behandelt wurde und die hier 1,7 × 1 × 0,1 m großen VPR-Module mit einer unüblich schmalen Fuge von 8 mm montiert wurden.

Anwendungen dieses inzwischen ziemlich universell in der Raumakustik eingeführten Schallabsorbers finden sich z. B. in anspruchsvollen Versammlungsstätten [1, Abschn. 14.1], in Sport- und Freizeithallen [1, Abschn. 12.16 und 12.17], in Konferenz- und Mehrzweckräumen [1, Abschn. 14.2], an Musiker-Arbeitsplätzen wie Orchestergräben und Probenräumen [1, Abschn. 14.4], im Auditorium und Bühnenturm eines Mehrsparten-Hauses [1, Abschn. 12.1] sowie in Tonstudios und Messräumen [1, Abschn. 14.5 und 15.1]. Da der VPR mit seiner glatten, z. B. lackierten oder pulverbeschichteten Oberfläche dem architektonischen Design und den Nutzeransprüchen häufig entgegenkommt, haben sich Module auch schon als Pinnwand, Tafel, Projektionsfläche oder Spiegel vielfach nützlich gemacht und ihren nur geringen Raumbedarf gerechtfertigt. Wegen ihrer kleinen Bautiefe lassen sich VPR auch hinter akustisch transparenten Vorsatzschalen, Unterdecken und Hohlraumböden „verstecken" [30, T. 5]. Damit können besonders schlanke Tiefenschlucker in einer robusten, praktikablen Bauart für die vielfältigen Problemfälle der Raum- und Bauakustik nach Abschn. 2 zum Einsatz kommen. Ein besonders attraktiver Platten-Resonator wurde

auch für den technischen Schallschutz als Eckiger Innenzug in Abgasleitungen und Schornsteinen entwickelt, s. [54].

6 Helmholtz-Resonatoren

In Abschn. 3.1 ist das Verhalten von Loch- oder Schlitzplatten als vorgesetzte schalldurchlässige Schichten für den Sicht- und Berührungsschutz diskutiert worden. Dort sollten die effektive Plattendicke t_{eff} und das Lochflächen-Verhältnis σ nach Gl. (32) bestimmte Grenzen nicht über- bzw. unterschreiten, um den Schalleintritt in das poröse Material als dem eigentlichen Absorber möglichst wenig zu behindern.

Hier interessieren reaktive Absorber, bei denen die Masse in den Löchern oder Schlitzen von unterschiedlich perforierten Platten oder Membranen nicht klein gegenüber der in der auf die Löcher treffenden Welle mitbewegten Luftmasse nach Gl. (2) ist. Eine solche u. U. durch die den Löchern benachbarte Luft zusätzlich beschwerte Masse kann mit dem Schallfeld, ähnlich wie beim Plattenresonator, nur reagieren, wenn sie als Teil eines Resonanzsystems anregbar gemacht wird. Dies geschieht am einfachsten durch eine geeignet perforierte Platte im Abstand d zu einer schallharten Rückwand (Abb. 16), die auf einer Unterkonstruktion aufliegt und das so gebildete Luftkissen akustisch schließt. Anders als beim Plattenresonator (Abb. 8), kann man die Dämpfung dieses Schwingsystems „Luft in Luft" – auch nach herkömmlicher Vorstellung – nicht nur durch eine lockere Füllung des Hohlraumes mit Dämpfungsmaterial, sondern sogar viel effizienter durch Aufspannen eines nach Gl. (28) optimalen Strömungswiderstands unmittelbar vor oder hinter den Löchern in Form z. B. eines Faservlieses oder Tuches bewerkstelligen.

6.1 Lochflächen-Absorber

Die akustische Beschreibung von Lochflächen-Absorbern kann ebenfalls mit den Gl. (45) bis (48) vorgenommen werden, wenn dabei r' den

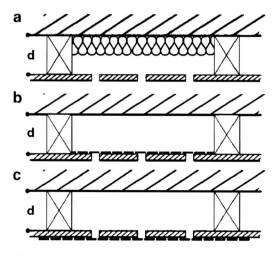

Abb. 16 a Helmholtz-Resonator klassischer Bauart mit Dämpfung im Hohlraum, **b** Strömungswiderstand hinter der Lochplatte, **c** Strömungswiderstand vor der Lochplatte

mit $\rho_0 c_0$ dimensionslos gemachten Strömungswiderstand ($r' = \varXi\, d/\rho_0 c_0$ bei bekanntem längenspezifischem Widerstand $\varXi$) bedeutet und unter m'' die auf die Absorberfläche S_A transformierte akustischen Masse m''_H (S_H gesamte Lochfläche in der Platte)

$$m''_H = \frac{\rho_0\, t_{eff}}{\sigma} \quad mit \quad \sigma = \frac{S_H}{S_A} \qquad (56)$$

verstanden wird. Nach Gl. (43) und (44) ergibt sich die Resonanzfrequenz:

$$f_H = \frac{c_0}{2\pi}\sqrt{\frac{\sigma}{d\, t_{eff}}} = \frac{c_0}{2\pi}\sqrt{\frac{S_H}{d\, S_A\, t_{eff}}}$$

$$= \frac{c_0}{2\pi}\sqrt{\frac{S_H}{V\, t_{eff}}} \qquad (57)$$

oder mit d; t_{eff} in mm, S_H; S_A in cm^2 und V in cm^3 die Zahlenwertgleichung:

$$f_H = 54 \cdot 10^3 \sqrt{\frac{\sigma}{d\, t_{eff}}} \qquad (58)$$

für diesen Resonator. Das Lochflächenverhältnis liegt typisch bei $0{,}02 < \sigma < 0{,}2$. Führt nur ein kon-

zentriertes Loch (S_H) die bewegte Luftmasse, so ist:

$$f_H = 17 \cdot 10^3 \sqrt{\frac{S_H}{V\, t_{eff}}}. \qquad (59)$$

Wegen einer Abschätzung von t_{eff} wird auf Abschn. 3.1 und [6] verwiesen. Für den Kennwiderstand gilt nach Gl. (47)

$$Z'_H = \sqrt{\frac{t_{eff}}{d\,\sigma}}. \qquad (60)$$

Ähnlich wie schon beim Plattenresonator führen also auch beim Helmholtz-Resonator nur große Bautiefen (d) zu tiefen Frequenzen und kleinen Z'_H, sehr kleine Löcher und dicke Platten aber zu nur schmalbandig wirksamen Tiefenschluckern, selbst bei optimaler Dämpfung $r' = 1$. Man sollte daher auch bei diesem Hohlkammerresonator versuchen, weitere Schwingungsformen anzukoppeln, die seine Absorptionscharakteristik verbreitern können (auch die Überlegungen in [5, S. 141] gehen in diese Richtung). In [32] wird eine Vielfalt von Lochplattenresonatoren unter Einbeziehung der Platten- und Hohlraumresonanzen, mit und ohne Kassettierung, in sehr guter Übereinstimmung zwischen Theorie und Messung untersucht. Dabei wird deutlich, dass bei einer Bautiefe von 50 mm die Bandbreite der Absorption auch bei mittleren Frequenzen stets gering bleibt, solange die Resonanzen weit auseinander liegen. Legt man sie dagegen eng zusammen, so dominiert stets nur einer der Mechanismen, s. [32, Abb. 4 bis 7]. Wenn man aber die Helmholtz- und die ersten Plattenresonanzen (f_H nach Gl. (58) und f_{11}, f_{13} nach Gl. (52)) optimal etwa jeweils eine Oktave höher auslegt, behindern sie sich nicht gegenseitig [32; Abb. 8]. Allerdings muss ausreichende Dämpfung dann helfen, die einzelnen Maxima zu einem breitbandigen Absorptionsspektrum zu „verschmelzen".

In [3, Bild 41, S. 296] wird ein Überblick über die in der Praxis üblichen Lochgeometrien in relativ dicken und daher in der Regel nicht zu Schwingungen anregbaren Holz- oder Gipskartonplatten gegeben, wobei der Lochanteil zwischen 2 und 30 %, die in den Löchern schwingende Luftmasse nach Gl. (56) zwischen 30 und 330 g m^{-2} und die Resonanzfrequenz nach Gl. (58) zwischen 420 und 1 460 Hz variieren können. Im Hallraum gemessene Absorptionsspektren sind in [5, Tafel 7.2] zu finden. Beispiel 7.2.4 zeigt die Schwierigkeit, mit dieser Art von Helmholtz-Resonatoren den Frequenzbereich unter 250 Hz abzudecken. Selbst mit einer Bautiefe von 240 mm fällt die Absorption unter 200 Hz steil ab. Als Mittenschlucker haben sich Lochflächenabsorber aber in der raumakustischen Gestaltung durchgesetzt. Im Folgenden sei ein Auslegungs- und Optimierungsverfahren für eine spezielle Klasse von besonders breitbandigen Schlitz-Absorbern beschrieben.

6.2   Schlitz-Absorber

Die Auslegung konventioneller Helmholtz- und Lochflächenabsorber erfolgt in der Regel nach den Gl. (56) bis (59) mit dem meistens experimentell bestätigten Resultat relativ schmalbandig wirksamer Resonanzabsorber. Wenn man aber einen breitbandigen Mittenschlucker flächen- oder raumsparend optimieren will, so lohnt sich eine etwas genauere Betrachtung der in Abschn. 6.1 beschriebenen Wirkungsmechanismen und Bestandteile dieses Hohlkammer-Resonators. Zu seiner Optimierung stellt sich, ähnlich wie beim Verbundplatten-Resonator in Abschn. 5.3, eine innige Verknüpfung der Luftschwingung in den Schlitzen mit einem unmittelbar dahinter angeordneten voluminösen, porösen oder faserigen Strömungswiderstand als vorteilhaft heraus. Außerdem gewinnt die Verteilung der Schlitze innerhalb der Absorberfläche S_A nicht nur hinsichtlich der Mündungs-Korrektur als Teil von t_{eff} nach Gl. (34) an Bedeutung. Schließlich können Eigenfrequenzen des zwischen dem Schlitzflächengebilde und der schallharten Rückwand geformten Raumes eine wichtige Rolle in einem verbreiterten Resonanzbereich spielen.

Wenn man das Verhältnis von Schlitzbreite b und Schlitzabstand a nicht nur, wie in [2, 6, 7, 19]

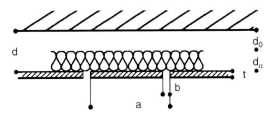

Abb. 17 Prinzipieller Aufbau eines Absorbers mit parallelen Schlitzen nach [41]

geschehen, als Perforationsgrad $\sigma = b/a$ in der Auslegung berücksichtigt, sondern als geometrische Einstellparameter jeden für sich in die Berechnung einführt, ergeben sich neue Möglichkeiten zur Optimierung. Zur Erläuterung des Funktionsmodells Schlitz-Absorber lassen sich zunächst in Abb. 17 die geometrischen (Schlitzgebilde) und Materialkenngrößen (Absorberschicht) erkennen. Die Luftmasse in den Schlitzen einschließlich der jeweils zugehörigen Mündungskorrektur (hier allerdings nur einseitig auf der Vorderseite) ergibt sich ähnlich wie bei Helmholtz-Resonatoren nach Abschn. 6.1 aus:

$$m''_S = t_S \rho_0 \; \text{mit} \; t_S = t + \Delta t. \qquad (61)$$

Für die Impedanz der Absorberschicht (Dicke d) gilt mit Bezug auf die freie Schlitzfläche zunächst nach [19]:

$$W = \sigma W_A \coth \Gamma_A d_\alpha. \qquad (62)$$

Der Wellenwiderstand W_A und die Ausbreitungskonstante Γ_A der Absorberschicht lassen sich nach [22] mit

$$W_A = \rho_0 c_0 \sqrt{(E + 0.86) - j\frac{0.11}{E}} \quad ;$$
$$\Gamma_A = \frac{2\pi f}{c_0} \sqrt{(E - 1.24) + j\frac{0.22}{E}} \qquad (63)$$

und

$$E = \frac{\rho_0 f}{\Xi} \qquad (64)$$

für $\Xi > 7\,500$ Pa s m^{-2} ausreichend genau abschätzen. Bei offenzelligem Melaminharzschaum mit nachweislichen Skelettschwingungen erweist sich die Einbeziehung des Raumgewichtes ρ_a in Gestalt einer Zusatzmasse als sinnvoll:

$$E = \frac{\rho_0 f}{\Xi} - j\frac{\rho_0}{2\pi\rho_\alpha}. \tag{65}$$

Unter der Annahme, dass sich das Schallfeld im Absorber wie hinter einem Beugungsgitter ausbildet, wird in [41] die Wandimpedanz des Schlitz-Absorbers einschließlich der Luftmasse in den Schlitzen und der Mündungskorrektur ($\triangle t$) abgeleitet:

$$W_S = \frac{1}{\sigma}\left(j\omega m_s'' + \sigma W_A \coth\Gamma_A d_\alpha + \frac{a^2}{b\pi^3}W_A\Gamma_A\left(\sin\pi\frac{b}{a}\right)^{\frac{3}{2}}\right) \tag{66}$$

Einerseits entsteht durch die Verknüpfung der Absorberschicht mit der Luftmasse in den Schlitzen wieder ein Resonanzsystem. Andererseits erhöhen sich aber die wirksame Federwirkung und Dämpfung der Absorberschicht, siehe den 3. Summanden in Gl. (66). Dies begründet die im Vergleich zu bedämpften oder unbedämpften Helmholtz-Resonatoren gleicher Bautiefe deutlich tiefere Resonanzfrequenz und größere Bandbreite der Schlitz-Absorber.

Abb. 18 zeigt den nach Gl. (7) und (66) berechneten und im Kundt'schen Rohr gemessenen Absorptionsgrad für einen Absorber mit stark unterschiedlicher Schlitzgeometrie, aber immer etwa gleichem Perforationsgrad $\sigma \approx 0{,}02$. In [41; Abb. 7] wird ein Schlitzabsorber mit $\sigma \approx 0{,}02$ verglichen mit zwei konventionellen Helmholtz-Resonatoren mit optimaler Dämpfung, zum einen mit nur einem zentralen Schlitz, zum anderen mit nur einem zentralen Loch mit jeweils gleichem $\sigma \approx 0{,}02$.

Hinsichtlich ihrer praktischen Anwendung zeichnen sich Schlitz-Absorber also durch hohe und breitbandige Absorption vorwiegend im mittleren Frequenzbereich aus. Sie ermöglichen die Einsparung von Bautiefe und stellen keine besonderen Ansprüche an die Gestalt und Befestigung der streifenförmigen Abdeckungen. Dadurch ergeben sich vielfältige neue Oberflächenstrukturen

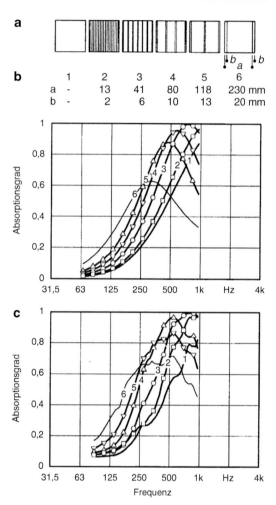

Abb. 18 **a** Absorptionsgrad α_0 bei senkrechtem Schalleinfall auf Abdeckungen mit unterschiedlichen Schlitzbreiten b und -abständen a, aber etwa gleichem Perforationsgrad σ, vor 50 mm offenzelligem Melaminharz-Weichschaum mit $\rho \approx 10\,\mathrm{kg\,m^{-3}}$ und $\Xi \approx 10\,\mathrm{kPa\,s\,m^{-2}}$; Draufsicht, **b** Rechnung, **c** Messung

und Möglichkeiten zur Kombination mit den in Abschn. 5.3 vorgestellten Verbundplatten-Resonatoren als breitbandige Schallabsorber für die Raumakustik. Abb. 19 zeigt z. B. den Absorptionsgrad bei diffusem Schalleinfall für einen mit Stahlblechplatten kachelartig ausgelegten Schlitz-Absorber unterschiedlicher Formatierung. Bei größeren Schlitzabständen a tritt das Maximum bei der Feder/Masse-Resonanz, wie nach Gl. (45) bzw. (53) erwartet, bei etwa 100 Hz deutlich in Erscheinung.

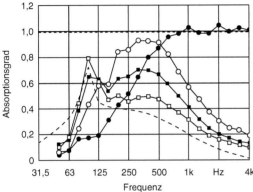

Abb. 19 Absorptionsgrad α_s eines Schlitz-Absorbers mit schwingfähig gelagerter Abdeckung (1 mm Stahl), gemessen im nach ([1], Abb. 5.14) bedämpften Hallraum; *ohne* Abdeckung, $d = d_\alpha = 50$ mm (•), 312×312 mm große Abdeckungen mit $b = 15$ mm (○), 625×625 mm große Abdeckungen mit $b = 28$ mm (■) (s. Foto), 1250×1250 mm große Abdeckungen mit $b = 50$ mm (□), Rechnung für 1250×1250 mm große Abdeckungen mit $b = 50$ mm (− − −)

Der Absorptionsgrad ergibt sich zum einen aus der Impedanz eines einfachen Masse-Feder-Systems

$$W_P = \frac{1}{1-\sigma}\left(j\omega m_p'' + W_A \coth \Gamma_A d_A\right) \quad (67)$$

mit der flächenbezogenen Masse m_p'' der Schwingplatte. Die Parallelschaltung mit W_S nach Gl. (66) ergibt nach [32] die Impedanz

$$W_{res} = \frac{W_P W_S}{W_P + W_S} \quad (68)$$

welche den Wirkungsbereich einer porösen oder faserigen Schicht (s. Abschn. 3) nochmals auf eindrucksvolle Weise zu tiefen Frequenzen zu verschieben erlaubt. Wenn die Abdeckungen also sehr groß werden, tritt einerseits der Masse-Feder-Effekt bei tiefen Frequenzen deutlich in Erscheinung; der Schlitz-Effekt bei mittleren Frequenzen tritt dagegen etwas in den Hintergrund.

In [42] wird ein Schlitz-Absorber vorgestellt, der großflächig auf der Innenseite von Außenwänden ohne die bei konventionellen Absorbern auftretenden Kondensationsprobleme appliziert werden kann. Dazu wird zunächst eine hinsichtlich ihres Strömungswiderstandes auf 19 600 Pa s m^{-2} optimierte *Zelluloseschicht* mit einer Dichte von 100 kg m^{-3} auf Basis von Altpapier 5 bis 6 cm dick, auch auf unebenem oder gewölbtem Untergrund, aufgespritzt. Die schallharten Stege werden durch einen speziellen *Grundputz* mit einer Dicke von 12 bis 15 mm und geringem Dampf-Diffusionswiderstand gebildet und die Schlitze dazwischen wiederum mit Zellulose ausgefüllt, s. Abb. 20. Der besondere Reiz dieser Variante besteht darin, dass der Schlitz-Absorber abschließend mit einem hochporösen, dispersionsgebundenen, 2 bis 3 mm dicken, jetzt ganzflächigen *Deckputz* akustisch im Hinblick auch auf die tiefen Frequenzen hin zusätzlich eingestellt werden kann, s. Abb. 20. Die fugenlose Oberfläche kommt einem Wunsch nach Unauffälligkeit der raumakustischen Maßnahme entgegen. Eine besonders erfolgreiche Anwendung eines Schlitz-Absorbers auf Mineralwollebasis stellt seine außerordentlich kompakte Integration in einen handelsüblichen Heizkessel hinter der Brennkammer dar, s. Abschn. 9.3.

Lochflächen- und Schlitz-Absorber nach Abschn. 6.1 und 6.2 benötigen für ihre Dämpfung stets den Einsatz faserigen oder porösen Materials. Erst in Abschn. 8 werden mit den mikroperforierten Bauteilen Absorber beschrieben, die für etwa den gleichen Frequenzbereich auslegbar sind, aber ganz ohne dämpfende Materialien auskommen. Um aber ohne dieselben und mit maßvollen Bautiefen auch zu tiefen Frequenzen zu kommen, bedarf es einer weiteren Entwicklung, die nachfolgend beschrieben wird.

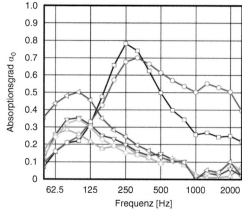

Abb. 20 Ganzflächig verputzter Schlitz-Absorber auf Zellulosebasis an der Innenseite von Außenwänden nach [42]. Absorptionsgrad bei senkrechtem Schalleinfall auf eine 20 × 20 × 6 cm große Probe, abgestimmt auf 250 bis 315 Hz ohne (□, ○) bzw. auf 80 bis 100 Hz mit (links) einem hochporösen Deckputz (Foto: cph)

Abb. 21 Modell eines beidseitig absorbierenden Membran-Absorbers (links) mit teilweise abgewickelten Loch- und Deckmembranen (rechts)

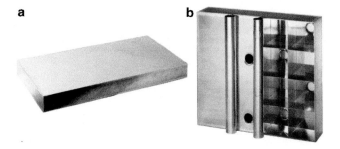

a   b

6.3   Membran-Absorber

Für bestimmte Anwendungen verbietet sich der Einsatz von faserigem, aber auch von porösem Dämpfungsmaterial wie Kunststoff-Weichschaum aus gesundheitlichen, hygienischen, Brandschutz- oder Haltbarkeitsgründen. Bei raumlufttechnischen Anlagen z. B. in Krankenhäusern, Altenheimen und Produktionsstätten mit ausgesprochenen Reinraumbedingungen und für prozesslufttechnische Anlagen z. B. mit stark verschmutzenden oder aggressiven Fluiden in den Strömungskanälen oder Schornsteinen haben sich Schalldämpfermodule ganz aus Aluminium oder Edelstahl bewährt, die rundum gegenüber der Strömung hermetisch abgeschlossen sind. Ihre bemerkenswerte Steifigkeit und Resistenz verdanken diese Membranabsorber-Module einer aus dem Leichtbau entlehnten Wabenstruktur, über welche zwei relativ dünne (0,05 < t < 1 mm) Platten eben

ein- oder auch beidseitig (Abb. 21) aufgespannt sind.

Die starke Unterteilung des im Übrigen leeren Hohlraumes wirkt akustisch wie eine „Kassettierung", die bei schrägem oder streifendem Schalleinfall (z. B. beim Einsatz als Schalldämpfer-Kulisse) die Längsausbreitung des Schalls im Hohlraum verhindert. Wenn die Stege quer zur Ausbreitungsrichtung einen Abstand

$$e \leq \frac{\lambda}{8} = \frac{42.5}{f} \, 10^3 \qquad (69)$$

mit f in Hz aufweisen, dann reagiert auch dieser faserfreie Absorber stets „lokal" [2], d. h. mit einer Wandimpedanz W nach Gl. (6). Da der Membran-Absorber zwar für maximale Absorption mit einem Bruchteil der Bautiefe d eines passiven Absorbers auskommt, aber dennoch für tiefere Frequenzen zu größeren Kammertiefen

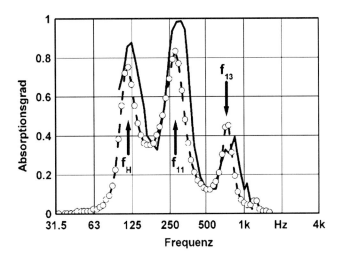

d tendiert, um genügend breitbandig zu bleiben, kommt ein in etwa konstantes e/d-Verhältnis von etwa 1 bis 2 auch den Erfordernissen der Statik entgegen. In der Praxis haben sich würfelförmige Kammern mit z. B. $L_x \ L_y \ d = d^3 = V \approx 1$ 000 cm^3 für maximale Absorption bei 250 Hz durchgesetzt.

Pro Hohlkammer hält die innen möglichst weich auf dem Raster aufliegende Lochmembran ein Loch oder einen Schlitz zur Ausbildung eines Helmholtz-Resonators bereit. Loch- und Kammergröße sind, näherungsweise nach Gl. (58), so aufeinander abzustimmen, dass sie die *untere* Grenze des Wirkungsbereichs, etwa analog Gl. (30) für passive Absorber, markiert. Dabei kommt bei runden Löchern, die kaum kleiner als 5 mm sind, und der zum Lochdurchmesser d_H meist kleinen Membranstärke t der Mündungskorrektur $2 \triangle t \approx 0{,}85 \ d_H$ nach Abschn. 3.1 und [6] besondere Bedeutung zu. Für $V = 1000$ cm^3; $d_H = 10$ mm, $S_H = 0{,}78$ cm^2; $t = 0{,}2$ mm, $t_{\text{eff}} = 8{,}7$ mm erhält man z. B. nach Gl. (58) $f_H \approx 160$ Hz und nach Gl. (60) etwa $Z'_H \approx 3{,}3$. Diese Parameter lassen nach Abb. 11 bei nicht zu geringer Dämpfung bereits einen recht breitbandigen Absorber erwarten.

Für die ungelochte Aluminium-Deckmembran ergäbe sich nach Gl. (45) die erste Plattenresonanz näherungsweise bei $f_R = 258$ Hz. Tatsächlich wird aber die Kompression des Luftkissens beim Helmholtz-Resonator durch die Ausweichbewegung der doch etwas nachgiebigen Membran und beim Plattenresonator durch die Ausweich-

bewegung des Luftpfropfens im Loch geringfügig erhöht. In [43] wird der Frage dieser Kopplung beider Resonanz-Mechanismen experimentell und theoretisch nachgegangen. Abb. 22 zeigt für den oben beschriebenen Membran-Absorber (noch ohne Deckmembran) in recht guter Übereinstimmung mit einer detaillierteren Rechnung (unter Einbeziehung auch der Randeinflüsse an der Lochmembran), dass im Membranabsorber zwei Hauptmaxima das Absorptionsspektrum dominieren können: f_H bei ca. 125 Hz und f_{11} bei ca. 270 Hz. Ein Nebenmaximum ist bei $f_{13} \approx 650$ Hz zu erkennen.

Ein Rohrschalldämpfer, aus einem Polygon von Membran-Absorber-Streifen zusammengesetzt, zeigt in Abb. 23 eine ähnliche Charakteristik, auch als Einfügungsdämpfung nach DIN 45646 gemessen. Wenn man die Löcher der Lochmembran zuklebt, bleibt nur ein in seiner Dämpfung stark reduzierter Plattenresonator übrig. Wenn man dagegen eine Deckmembran unmittelbar vor der Lochmembran anordnet, ohne dass beide sich berühren, so verschiebt sich das nicht immer derart breitbandige Absorptionsmaximum zu etwas tieferen Frequenzen. Offenbar koppelt sich die zusätzliche Masse in das komplexe Schwingsystem mit ein. Höhere Moden der Lochmembran verschwinden allerdings dann meistens. Wenn man die Deckmembran auf weichen Moosgummi-Streifen bettet, kann sie auch bei hohen Frequenzen eine deutliche Verbesserung der Absorption bringen, wie in [43] gezeigt wurde. Dass auch die Deckmembran

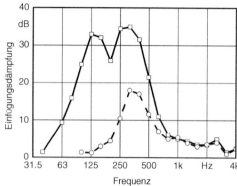

Abb. 23 Ansicht (ohne Mantel) und Einfügungsdämpfung D_e (ohne Deckmembran) eines aus Membran-Absorbern zusammengesetzten Rohrschalldämpfers; □ Löcher offen; ○ Löcher zu

Schwingungen ähnlich wie der Verbundplatten-Resonator (Abschn. 5.3) ausführen kann, zeigen Fotos von „Staub-Figuren" einer f_{15}-Mode in [44].

Es ist zwar ein charakteristisches Merkmal des Membran-Absorbers, dass er funktioniert, auch wenn die Deckmembran in geringem Abstand vor den Löchern angebracht wird und so den schwingenden Luftpfropfen stark verformt. Die dadurch erzwungenen Schwingungen im engen Spalt zwischen Loch- und Deckmembran mit entsprechend vergrößerter Wandreibung, wie sie etwa bei der Dämpfung von Biegewellen in zweischaligen Bauteilen [47] wirksam werden, können hier keine entscheidende Rolle spielen, weil der Membran-Absorber auch mit größerem Spalt und auch ganz ohne Deckmembran gut funktioniert, s. Abb. 23. Eine ausführlichere Diskussion der Dämpfung in Membran-Absorbern findet sich in [1, Abschn. 6.3].

Dieser Tiefenschlucker konnte sich vielfältig als besonders schlanker Schalldämpfer für besondere Anforderungen, z. B. in Anlagen zur Rauchgasreinigung und Nassentstaubung, an Vakuumpumpen und Mineralfaser-Produktionsanlagen, bewähren [1, Kap. 18]. Sein Einsatz im reflexionsarmen Plenum sowie in den Umlenk-Schalldämpfern eines Windkanals wird in [1, Abschn. 15.3] sowie in Abschn. 9.4 beschrieben. Die Umsetzung von Membran-Absorber-Bauteilen als Wandelemente in Schallkapseln mit besonders hoher Dämpfung und Dämmung zwischen 25 und 125 Hz [45, 46] steht dagegen noch aus.

7   Interferenzdämpfer

Bisher wurden mehr auf raumakustische Zwecke zugeschnittene breitbandige und tieffrequent wirksame Absorber behandelt. Schalldämpfer und Kapselungen dagegen müssen, je nach Schallquelle und Einsatzbedingungen, auf unterschiedliche, u. U. auch schmalbandige Geräuschspektren abstimmbar sein und oft extremen mechanischen, chemischen und thermischen Belastungen dauerhaft standhalten. Hier haben sich z. B. Hohlkammerresonatoren unterschiedlicher Bauart mit Wandungen aus hochwertigen Stählen (auch als Membran-Absorber nach Abschn. 6.3) bewährt. Ihre Wirkung in Kanälen (auch ohne Einsatz von Dämpfungsmaterial) verdanken sie verschiedenen Interferenzmechanismen, die eine Reflexion der Schallenergie zur Quelle hervorrufen. Weil diese aber schmalbandig wirken, müssen in der Regel mehrere solche Interferenz-Schalldämpfer miteinander kombiniert werden.

7.1 $\lambda/4$-Resonatoren

Die Wirkungsweise von reinen Reflexionsdämpfern lässt sich bereits an einem einfachen Querschnittssprung in einem Rohr nach Abb. 24a darstellen [47, Abschn. 3.25]. Wenn beide Flächen S_1 und S_2 klein gegenüber der Wellenlänge sind und man in Gl. (4) P_a und P_f Null setzt, so ergibt sich aus Gl. (4) bis (6) mit

Abb. 24 a Prinzipien reaktiver Interferenzschalldämpfer: Einfacher Querschnittssprung, **b** Expansionskammer, **c** Abzweigresonatoren, **d** Umwegleitung

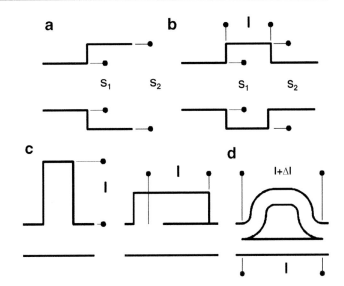

$$W = \rho_0 c_0 m \quad ; \quad r = \frac{m-1}{m+1} \quad ; \quad m = \frac{S_1}{S_2} \quad (70)$$

und dem Wellenwiderstand $\rho_0 c_0$ des Mediums ein Reflexionsgrad oder Schalldämm-Maß gemäß

$$\rho = 1 - \frac{P_t}{P_i}; \quad \frac{P_i}{P_t} = \frac{1}{1-\rho};$$
$$R = 10 \lg \frac{P_i}{P_t} = 10 \lg \frac{1}{1-r^2} = 10 \lg \frac{(m+1)^2}{4m}. \quad (71)$$

Tiefe Frequenzen werden demnach z. B. von Luftauslässen in großen Wand- und Deckenflächen ($S_2 \gg S_1$) stark reflektiert:

$$R \approx 10 \lg m - 6 \, \text{dB für } m \gg 1. \quad (72)$$

Dies gilt aber nur bei ebener Wellenausbreitung vor und hinter der Querschnittserweiterung (oder einer entsprechenden Verengung). Wenn der Raum mit seinen Eigenresonanzen auf den Kanal zurückwirkt, dann weist diese Art von Schalldämmung entsprechende Einbrüche und (zwischen jeweils zwei Resonanzen) auch Überhöhungen auf, wie in [48] experimentell und theoretisch nachgewiesen wurde.

Folgt im Abstand l von einer Erweiterung eine ebenso abrupte Verengung des Kanals nach Abb. 24b,

so wiederholt sich die Reflexion dort, nur mit umgekehrtem Vorzeichen, mit dem Ergebnis [47]:

$$R = 10 \lg \left[1 + \left(\frac{m^2 - 1}{2m} \sin 2\pi \frac{l}{\lambda} \right)^2 \right] \quad (73)$$

mit Dämmungs-Maxima von

$$R_{\max} \cong 20 \lg m - 6 \, dB \; f \ddot{u}r \; m \gg 1 \quad (74)$$

bei den Frequenzen

$$f_n = \frac{c_0}{4l} (2n - 1) \quad ; \quad n = 1, 2, 3 \dots \quad (75)$$

Ein solcher $\lambda/4$-Resonator wurde in [49] als Wasserschalldämpfer mit $m = 20$ untersucht (Abb. 25). Eine ausführlichere theoretische und experimentelle Beschreibung dieser Hohlkammer-Resonatoren findet sich in [50; Abschn. 9.1].

Nur selten kommen aber derartige „Expansionskammern" in Kanal- oder Rohrsystemen zum praktischen Einsatz. Eher haben sich „Stichleitungen" gemäß Abb. 24c, die mit einem Querschnitt vergleichbar dem des Hauptkanals an diesen angeschlossen werden, als so genannte Abzweig-Resonatoren bewährt. Bei diesen überlagern sich hin- und rücklaufende ebene Wellen im Abzweig mit derjenigen im Kanal bei Frequen-

Abb. 25 Einfügungs-dämpfung D_e einer s challharten Expansions kammer in einer Wass erleitung mit m = 20 und l = 125 mm; gemessen im Wasserschall-Labor [49], berechnet nach Gl. (73)

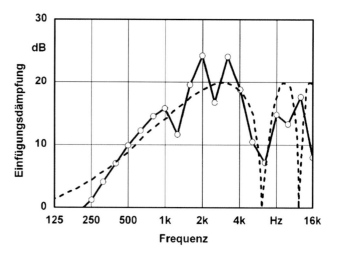

zen gemäß Gl. (75) derart, dass die durchgelasse-ne Welle (P_t) stark geschwächt wird. Ähnlich wie beim Helmholtz-Resonator (Abschn. 6.1) bewirkt die an den Rohrenden mitschwingende Luftmasse in der Länge *l* eine gewisse Mündungskorrektur in Abhängigkeit vom Rohrradius *r*,

$$\Delta l \cong 0,6\,r \quad bzw. \quad 0,85\,r, \qquad (76)$$

je nachdem, ob das Rohr frei im Raum bzw. in einer großen Wand mündet. Um die Wirksamkeit dieser Art von Hohlkammer-Resonatoren breit-bandig wirksam werden zu lassen, kann man Kammern unterschiedlicher Länge neben- oder hintereinander anordnen und ihre Wände auch zusätzlich mit etwas Dämpfungsmaterial absor-bierend gestalten, s. [1, Abb. 7.3].

7.2   λ/2-Resonatoren

Das in Abschn. 7.1 beschriebene Interferenzprin-zip lässt sich auch mit „Umwegleitungen" nach Abb. 24d realisieren, die die einfallende Schall-welle (P_i) über gleich große Querschnitte aufspal-ten und bei Frequenzen

$$f_n = \frac{c_0}{2l}\,(2n-1); \quad n = 1, 2, 3 \ldots \qquad (77)$$

der fortgeleiteten Welle gerade mit umgekehrtem Vorzeichen wieder überlagert. Dieses eindimen-sionale Auslöschungsprinzip ist aber wegen des damit verbundenen mechanischen Aufwandes sel-ten verwirklicht worden.

7.3   Rohrschalldämpfer

Hohlkammern, die innerhalb langer Wellenleiter, wie in Abschn. 7.1 und 7.2 beschrieben, einge-setzt werden, aber klein gegenüber der Wellen-länge bleiben, können die Schallübertragung nicht beeinflussen. Wenn sie aber über kurze Rohrstutzen zwischen einer pulsierenden Quelle, z. B. einer Kolbenpumpe oder einem Verbren-nungsmotor und einem Rohrsystem eingebaut werden, können sie als „Puffervolumen" oberhalb einer oft nicht sehr stark ausgeprägten Feder/ Masse-Resonanz sehr wirkungsvoll dämpfen [27, 51]. Die Entwicklung komplexer reaktiver Hohlkammer-Schalldämpfer, die auf laute Moto-ren und Maschinen individuell abgestimmt wer-den und aus einer Kombination von Hohlräumen, Rohrstutzen und Lochflächengebilden mit oft vielfachen Strömungsumlenkungen, etwa gemäß Abb. 26, in Wechselwirkung mit der Quelle und dem angekoppelten Rohrsystem arbeiten, ist in-zwischen zu einem Spezialgebiet der Akustik

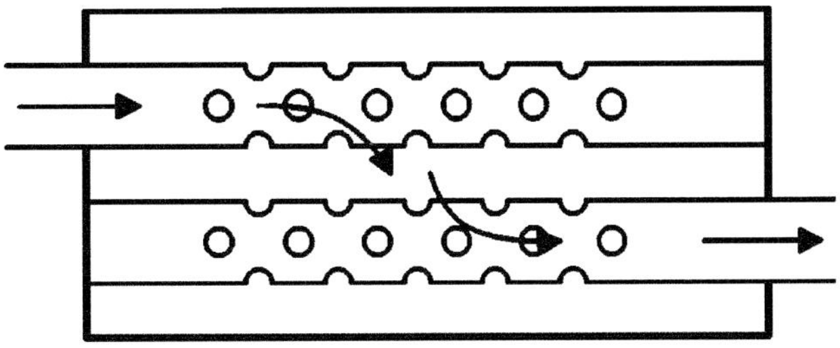

Abb. 26 Auspuff-„Topf"
im Abgasstrang eines
Verbrennungsmotors
(schematisch)

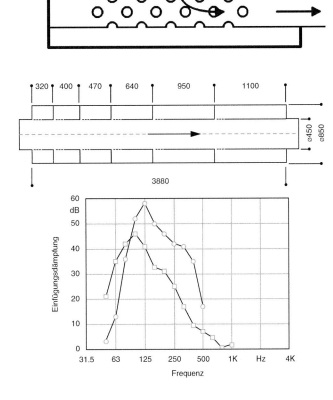

Abb. 27 Längsschnitt
sowie
Einfügungsdämpfung D_e
eines Rohr-Schalldämpfers
mit sechs Kammern: □ im
Prüfstand gemessen
(20 °C); ○ Rechnung für
180 °C

geworden. Mit linearen und nichtlinearen Theorien sowie numerischen Methoden können zahlreiche geometrische Parameter, Strömungs- und Temperatureffekte zur Optimierung der Dämpfung aufeinander abgestimmt werden [52, 53].

Die Schalldämpfer nach [54] für den Einsatz an Abgas-Schornsteinen kommen ebenfalls ohne den Einsatz poröser oder faseriger Stoffe als Dämpfungsmaterial aus, sind in der Regel ganz aus Edelstahl gefertigt und können bei Bedarf leicht gesäubert werden. Diese reinigbaren Rohrschalldämpfer werden bis zu Durchmessern von etwa 1 m hergestellt und mit einem Schwerpunkt bei tiefen Frequenzen ausgelegt. Sie bestehen aus ringförmig um den luftführenden Kanal angeordneten Kammern, die über einen Lochblechring mit dem Kanal in Verbindung stehen (Abb. 27).

Die Eingangsimpedanz einer einzelnen Kammer kann nach [52] angegeben werden als

$$W_R = \frac{\rho_0 \omega^2}{n_x \pi c_0}$$
$$+ j\left(\frac{\omega \rho_0 t_{eff}}{n_x S_h} - \frac{\rho_0 c_0}{S_c\left(\tan\dfrac{\omega}{c_0}L_a + \tan\dfrac{\omega}{c_0}L_b\right)}\right)$$
$$(78)$$

mit der Anzahl der Löcher n_x im Lochblechring, den Kammerteillängen L_a und L_b, der Kammerstirnfläche $S_c = \pi r_a^2 - \pi r_i^2$, Dicke des Lochblechs t, Lochradius r, Lochfläche $S_h = \pi r^2$ und der aufgrund der beidseitig mitschwingenden Mediummasse wirksamen Länge $t_{eff} = t + 1,7r$.

Darin gibt der erste Ausdruck die Reibung der Luft in den Löchern wieder, der zweite die Masse der in den Löchern mitschwingenden Luft und der dritte die Nachgiebigkeit des in der Kammer eingeschlossenen Luftvolumens. Der Schalldämpfer wirkt bei langgestreckten Kammern im Wesentlichen als $\lambda/4$-Resonator mit den Kammerteillängen L_a und L_b.

Der Schalldämpfer nach Abb. 24 fand Einsatz im Kamin eines Heizkraftwerkes mit Kohlestaubverbrennung. Über einen 40 m hohen Kamin mit einem Durchmesser von 450 mm werden dort die Verbrennungsabgase, die nach Filterstufen noch mit Reststäuben versehen sind, bei einer Abgastemperatur von 180 °C und 10 m s^{-1} Strömungsgeschwindigkeit abgeleitet. Zur Einhaltung der Anforderungen war für die Oktaven von 63–250 Hz eine zusätzliche Dämpfung von bis zu 30 dB notwendig. Die Berechnung, Fertigung und Reinigung dieses Dämpfers wird ausführlicher in [1, Abschn. 7.3 und 13.8.6] behandelt.

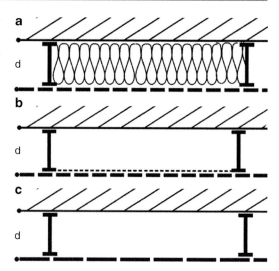

Abb. 28 a Raumakustische Verkleidungen für Wände und Decken: Perforierte Platten mit mehr als 15 % Lochanteil, Hohlraum zumindest teilweise mit porösem/faserigem Dämpfungsmaterial gefüllt, **b** Lochplatte wie (**a**), aber mit einem porösen/faserigen Strömungswiderstand dünn bespannt, **c** mikroperforierte Platte oder Folie mit ca. 1 % Lochanteil – ohne jegliche Dämpfung hinter oder vor der Platte

8   Mikroperforierte Absorber

In den vorausgegangenen Abschnitten wurde ein Überblick gegeben über alle klassischen Materialien für und Bauformen von Schallabsorbern. Noch bestehen diese überwiegend aus den verschiedensten faserigen oder porösen Stoffen, die sich Luftschallwellen gegenüber passiv verhalten (Abschn. 3). Andererseits rücken heute diverse Resonatoren immer mehr in den Vordergrund, die mit dem sie anregenden Schallfeld auf sehr unterschiedliche Weise interagieren (Abschn. 4, 5, 6 und 7). Ob letztere nun materiell mit Platten, Folien oder Membranen oder nur mit unterschiedlich ausgeformten Luftvolumina zum Mitschwingen veranlasst werden: auch ihre Wirksamkeit kann in den meisten Fällen durch das Anbringen bzw. Einbringen einer kleineren oder größeren Menge akustischen Dämpfungsmaterials aktiviert bzw. optimiert werden. Vor 36 Jahren konnte G. Kurtze [55] nachweisen, dass man Decken- oder Wandverkleidungen mit möglichst dicken passiven Schichten nach Abschn. 3 und Abb. 28a hinter Lochplatten mit mindestens 15 % Lochan-

teil einfach und wirtschaftlich durch ähnlich perforierte Blechkassetten, Holz- oder Gipskartonplatten mit einer viel dünneren vorder- oder rückseitigen Vlies- bzw. Stoffbespannung ersetzen kann (s. Abb. 28b). Es blieb dabei aber der nicht transparente mehrschichtige Aufbau akustischer Beläge.

In ästhetischer wie ergonomischer und hygienischer Hinsicht hat D.-Y. Maa [56] mit seiner Idee für einen mikroperforierten Plattenabsorber nicht nur die Entwicklung völlig neuartiger Akustikbausteine angestoßen, die ganz ohne den Einsatz poröser oder faseriger Dämpfungsmaterialien auskommen (s. Abb. 28c). Da sich ihre akustische Wirksamkeit fast unabhängig von der Wahl des Plattenmaterials exakt einstellen lässt, ermöglichen mikroperforierte Bauteile erstmals auch optisch transparente oder transluzente Schallabsorber z. B. aus Acrylglas, Polycarbonat, PVC oder ETFE [57].

In allen inzwischen schon sehr vielfältig in der Praxis erprobten Varianten schwingt die Luft in vielen nebeneinander angeordneten Löchern (a, b)

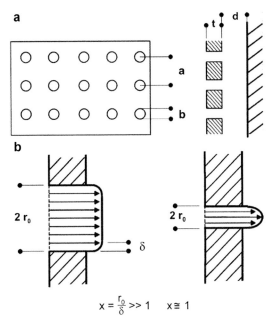

$$x = \frac{r_0}{\delta} \gg 1 \qquad x \cong 1$$

Abb. 29 a Zum Prinzip der mikroperforierten Absorber MPA: Draufsicht und Schnitt, **b** Schnelleverteilung der Schwingungen in großen (links) und kleinen (rechts) Löchern oder Schlitzen

oder Schlitzen als Masse zusammen mit der Luft im Zwischenraum (d) zu einer in der Regel schallharten Rückwand gemäß Abb. 29a als Feder nach Art eines Helmholtz-Resonators nach Abschn. 6. Gegenüber konventionellen Lochflächenabsorbern nach Abschn. 6.1 und den in Abschn. 6.2 vorgestellten Schlitz-Resonatoren wird in mikroperforierten Absorbern allerdings nur ein verhältnismäßig kleines Lochflächenverhältnis σ (bevorzugt in der Größenordnung von 1 %) gewählt. Vor allem wird aber die kleinste Abmessung der Löcher oder Schlitze ($2r_0$) stets so klein gemacht, dass sie in die Größenordnung der akustischen Grenzschicht gerät, s. Abb. 29b und Gl. (35).

Bei allen porösen Schallabsorbern, in denen Luftschwingungen durch Reibung bedämpft werden sollen, spielt das Verhältnis aus Porenabmessung quer zur Schwingungsrichtung und Grenzschichtdicke δ eine wichtige Rolle. Für zylindrische Löcher mit dem Radius r_0 in mm liefert z. B. das dimensionslose Verhältnis

$$x = \frac{r_0}{\delta} = 0.65\, r_0 \sqrt{f} \qquad (79)$$

mit f in Hz eine qualitative Aussage darüber, wie wirkungsvoll die Wandhaftung die Schwingungen in den Löchern dämpfen kann. In konventionellen Lochflächen-Absorbern mit $2 < r_0 < 25$ mm bleibt die Reibung mit $10 < x < 500$ so lange gering, wie man nicht durch Anbringung zusätzlichen Dämpfungsmaterials in der Nähe der Löcher für additive Dissipation sorgt. Für typische Lochgrößen $0{,}05 < r_0 < 5$ mm in mikroperforierten Absorbern MPA bleibt r_0 dagegen in der Größenordnung von δ; die durch Resonanz verstärkten Schwingungen in den Löchern können optimal gedämpft werden. Für offenporige Schäume empfehlen sich ebenfalls Porengrößen zwischen 0,1 und 0,5 mm, um hohe innere Reibung auch ohne Resonanzeffekte erreichen zu können. Wenn man dasselbe Modell der Reibung in engen Kanälen auf die üblichen künstlichen Mineralfasern überträgt, so wie es im Rayleigh-Modell [2, § 40] allgemein üblich ist, so ergeben sich aus mittleren Faserdurchmessern nach [22, Tab. 17] von 4 bis 15 µm zwar stark vom optimalen Wert $x \approx 1$ abweichende Reibungsparameter. Tatsächlich lässt sich durch Vergleich der Theorie des Rayleigh-Modells mit Messungen an realen Faserabsorbern aber ein effektiver Porenradius zwischen 65 und 125 µm bestimmen [22]. Damit ergeben sich interessanterweise ungefähr wieder die Werte $0{,}5 < x < 5$, ganz ähnlich wie beim MPA.

Man kann also die Mikroperforation je nach anvisiertem Frequenzbereich so einrichten, dass das Verhältnis x für r_0 im Submillimeter-Bereich nicht viel von 1 abweicht. Mit entsprechend feiner Perforation (r_0) kann man die Reibung für die Schwingungen in den Löchern auch für höhere Frequenzen gerade so einstellen, dass es zur optimalen Dämpfung des Resonators keines zusätzlichen Absorbermaterials vor, in oder hinter den Löchern oder gar im Hohlraum dahinter bedarf. Mit der „inhärenten" Reibung und der vollständig durch die geometrischen Parameter definierten Wirkungsweise lassen sich mikroperforierte Absorber exakt aus den Auslegungsparametern berechnen und genau auf das vorgegebene Schallspektrum auslegen.

Bei gut wärmeleitenden Platten aus Metall oder Glas lassen sich in einer thermischen Grenzschicht, die von gleicher Größenordnung wie die akustische ist [3, S. 79] zusätzliche Verluste durch Wärmeableitung identifizieren. Bei sonst gleicher geometrischer Auslegung sollten also z. B. mikroperforierte Absorber aus Glas eine etwas größere inhärente Absorption aufweisen als solche aus Acrylglas. In ungefährer Übereinstimmung mit anderen Autoren (z. B. [2]) führt Maa für den Fall, dass es sich bei der Platte um ein wärmeleitendes Material (z. B. Metall, Glas oder Keramik) handelt, im Grenzschichtparameter x zur dynamischen Viskosität η noch zusätzliche Verluste mit dem Wert 0,024 g m^{-1} s^{-1} ein, so dass

$$x = 0.42\,r_0\sqrt{f} \qquad (80)$$

Gl. 79 für mikroperforierte Bauteile mit guter Wärmeleitung ersetzt.

8.1 Mikroperforierte Platten

Die Theorie der MPA und ihre lange Vorgeschichte, die bis in die 40er-Jahre des vorigen Jahrhunderts zurückreicht und bei welcher K.A. Velizhanina eine wichtige Rolle gespielt hat, wird ausführlich in [57] beschrieben. Hier soll die Wandimpedanz einer mikroperforierten Anordnung nach Abb. 29 gemäß Gl. (6), auf den Kennwiderstand der Luft bezogen,

$$\frac{W}{\rho_0 c_0} = r' + j\left(\omega m' - \cot\frac{\omega d}{c_0}\right) \qquad (81)$$

in der Näherung von Maa [56] für zylindrische Löcher zur Beschreibung der MPA herangezogen werden.

Gegenüber dem einfachen Feder-Masse-System, wie es in Abschn. 5.1 und 6.1 schon als Modell für Resonanzabsorber mit konzentrierten Elementen ($d \ll \lambda$) behandelt wurde, beschreibt der $\cot \omega d/c_0$ in Gl. (81) die Tatsache, dass für die hier angestrebten relativ breitbandig wirksamen MPA der Hohlraum zwischen Lochplatte und Wand für höhere Frequenzen einen Hohlkammer-Resonator darstellt. Für $d = \lambda/4$ würde dieser bei nicht zu großen Werten der flächenbezogenen, mit $\rho_0 c_0$ normierten Masse der in den Löchern

schwingfähigen Luft m' ein entsprechend r' gedämpftes Schwingungsmaximum zulassen. Andererseits wird $\cot \omega d/c_0$ für $d = \lambda/2$ unendlich groß, so dass bei der entsprechenden Frequenz ebenso wie bei ganzzahligen Vielfachen derselben kein Mitschwingen und daher, im Rahmen dieses Modells, auch keine Absorption möglich ist. Da nur für sehr kleine Frequenzen

$$\cot\frac{\omega d}{c_0} \cong \frac{c_0}{\omega d} \qquad (82)$$

gilt, tendiert die Frequenz des Absorptionsmaximums gegenüber einer wie auch immer gearteten Grobabschätzung nach Gl. (57) zu etwas niedrigeren Frequenzen. Der Hauptunterschied zum konventionellen Helmholtz-Resonator steckt aber natürlich in der (über den Grenzschichtparameter x) stark frequenzabhängigen Form von r' und m' in Gl. (81)

$$m' = \frac{t}{c_0\sigma}K_m \quad ; \quad K_m$$
$$= 1 + \left(9 + 0.5x^2\right)^{-1/2} + 1.7\,r_0 t^{-1} \qquad (83)$$

$$r' = \frac{8\eta}{\rho_0 c_0}\,\frac{t}{\sigma r_0^2}\,K_r \cong 0.34\,(0.78)\,10^{-3}\,\frac{t}{\sigma r_0^2}K_r\,;$$
$$K_r = \left(1 + 0.031x^2\right)^{1/2} + 0.35\,x\,r_0 t^{-1}, \qquad (84)$$

wobei der jeweils letzte Summand in den für MPA charakteristischen Multiplikatoren K_m und K_r unschwer als spezielle „Mündungs-Korrekturen" zu erkennen sind, die – wie beim klassischen Helmholtz-Resonator – mit dem Verhältnis r_0/t die mitschwingende Masse erhöht, aber bei kleinen Löchern (r_0 in mm) und dicken Platten (t in mm) an Bedeutung verliert.

Mit der Näherung (84) ohne (bzw. mit) Verluste(n) durch Wärmeleitung in r' kann man die mikroperforierten Absorber in Analogie zum einfachen Feder-Masse-System nach Abschn. 6.1 hinsichtlich ihrer Haupt-Resonanzfrequenz

$$f_{MPA} = 54 \cdot 10^3 \sqrt{\frac{\sigma}{d\,t\,K_m}} \qquad (85)$$

und ihres normierten Kennwiderstandes

$$Z'_{MPA} = \sqrt{\frac{t}{d}\frac{K_m}{\sigma}} \qquad (86)$$

charakterisieren, wenn man nur den, wiederum über x nach Gl. (79) bzw. (80) vom Frequenzbereich der Auslegung abhängigen Korrekturfaktor K_m, nach Gl. (83) abschätzt und alle Maße in mm einsetzt. Aus dem Verhältnis $(r' + 1)/Z'_{MPA}$ folgt dann nach dem Modell in Abschn. 5.1 auch eine Aussage über die relative Bandbreite des Absorbers. Damit steht ein einfach handhabbares Handwerkszeug und Rechenprogramm für den tatsächlich einzigen Schallabsorber zur Verfügung, dessen Absorptions-Charakteristik frequenzabhängig und absolut zuverlässig allein aus seiner Geometrie berechnet werden kann. In [1, Kap. 9] wurde der Einfluss der geometrischen Einstellparameter a, b, d, t nach Abb. 29 sowohl theoretisch als auch experimentell dargestellt. Wenn man die Löcher z. B. zu eng wählt, wird der gemäß Gl. (83) bis (86) modifizierte Helmholtz-Resonator „überdämpft". Macht man sie andererseits zu groß, so muss man wieder mit additivem Dämpfungsmaterial, z. B. einem Vlies, für die zur optimalen Absorption nötige Reibung sorgen.

Beim Übergang vom senkrechten zum schrägen oder diffusen Schalleinfall verschiebt sich nach [56] gemäß

$$\alpha = \frac{4 r' \cos\theta}{(r' \cos\theta + 1)^2 + \left(\omega m' \cos\theta - \cot\frac{\omega d \cos\theta}{c_0}\right)^2} \qquad (87)$$

für $\theta > 0$ das Absorptionsmaximum zu etwas höheren Frequenzen und fällt etwas niedriger aus. Weil aber nicht nur r' effektiv kleiner wird, sondern auch Z'_{MPA}, nimmt die relative Bandbreite im Diffusfeld etwas zu. Während die Übereinstimmung zwischen Rechnung und Messung bei senkrechtem Einfall immer als gut zu bezeichnen ist ($<5\,\%$ Unterschied in α (0)), stellt man bei Messungen im Hallraum nicht selten fest, dass die theoretischen Werte, insbesondere bei höheren

Frequenzen, etwas überschritten werden. Man liegt also hier mit der Abschätzung nach Maa in der Regel auf der sicheren Seite. Dies kann aber beim Einsatz von mikroperforierten Absorbern unter streifendem Schalleinfall, z. B. als Resonatoren in Kulissenschalldämpfern, wieder anders sein, wenn man den Hohlraum hinter der Lochplatte nicht kassettiert. Durch eine zum Raum hin konvex gewölbte Ausführung, wie sie in [57; Abb. 11] dargestellt ist, lässt sich die Bandbreite der Wirksamkeit weiter steigern, so dass es möglich ist, über mehr als zwei Oktaven mehr als 50 % der auftreffenden Schallenergie zu schlucken.

Wenn die Bandbreite eines einlagigen mikroperforierten Absorbers nicht ausreicht, kann man auch zwei oder drei mikroperforierte Platten hintereinander mit vorzugsweise wachsendem Abstand zueinander so anordnen, dass die höheren Frequenzanteile vor allem in der vorderen und die tieferen vor allem in den nachgeordneten Platten absorbiert werden. Abb. 30 zeigt so ein Auslegungsbeispiel mit einer Bandbreite von 4 Oktaven [32]. Die Bandbreite der Absorption lässt sich natürlich auch dadurch erhöhen, dass man z. B. bei einer mikroperforierten Blechkassetten-Unterdecke einfach die Abhängehöhe variiert, s. [1, Abb. 9.9].

Nach Gl. (83) ist die effektive Masse der Luft in den Löchern dem Perforationsgrad σ umgekehrt proportional. Wollte man aber nur über kleine Werte σ und große t nach Gl. (85) zu tiefen Frequenzen hin auslegen, so kann man zwar gemäß Gl. (84) auch gleichzeitig r' erhöhen. Die Bandbreite wird aber dennoch begrenzt, weil nach Gl. (86) Z'_{MPA} dann ebenfalls zunimmt. Abschließend soll auf eine noch wichtigere Begrenzung dieser an sich naheliegenden Vorgehensweise hingewiesen werden: Wenn m' in den Löchern in die Größenordnung der flächenbezogenen Plattenmasse $m''/\rho_0 c_0$ kommt oder sogar größer als diese wird, lässt sich der so ausgelegte Absorber nicht anregen. Wenn das Massenverhältnis

$$\frac{m'}{m''/\rho_0 c_0} = \frac{\rho_0 K_m}{\rho \sigma} \qquad (88)$$

mit der Dichte ρ des mit σ mikroperforierten Flächengebildes viel größer als 1 wird, so verhält sich

Abb. 30 Absorptionsgrad α eines dreilagigen MPA-Aufbaues aus Aluminium, berechnet für senkrechten Schalleinfall [32]. Zum Vergleich: poröser/faseriger Absorber gleicher Dicke nach Abb. 5 (− · − · −)

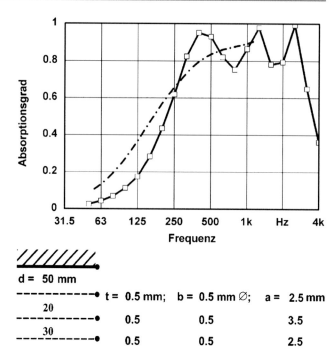

dieses u. U. wie ein Plattenresonator nach Abschn. 5.2.

Angefangen von dem berühmt gewordenen Einsatz an den 24 Eingangstüren des glasumschlossenen Plenarsaales des Bundestages in 1993, sind in [1, Kap. 12 und 14] zahlreiche Anwendungsbeispiele von MPA aus Acrylglas vor Fenstern und Fassaden ausführlicher dokumentiert, darunter ein weiterer Plenarsaal, Tagungsräume im Bundes-Wirtschaftsministerium, Mehrzwecksäle, Glaskabinen und Sprecherstudios. Die Lizenzpartner können inzwischen natürlich auf eine viel längere Projektliste verweisen.

8.2 Mikroperforierte Folien

Die Entwicklung einer Familie von sehr unterschiedlich mikroperforierten Akustikelementen begann nach ersten Bohrversuchen an Prototypen aus Aluminium 1993 mit dem Schneiden von Löchern und Schlitzen in Acrylglas mittels eines entsprechend programmierten Einstrahllasers. Danach wurde das Bohren in Kunststoffen mit einer Mehrspindelmaschine produktiv.

Stahlbleche dünner als 1 mm ließen sich bald darauf mit Stanzwerkzeugen zu Deckenkassetten mikroperforieren. Für die Anwendung von dünnen Blech- und Kunststoffteilen für den Schallschutz an Kraftfahrzeugen haben es inzwischen auch spezielle Schlitzverfahren mit anschließendem Walzprozess bis zur Serienreife gebracht.

Kunststofffolien lassen sich am besten über mit heißen Nadeln bestückte Walzen mikroperforieren, wobei die Löcher mit $d \approx t$ für eine optimale Auslegung recht zahlreich sein müssen (ca. 250 000/m²). Da mit einem Perforationsgrad von 1 % die Hohlraumresonanzen entsprechend dem cot-Term in Gl. (81) offenbar gut angeregt werden, kann man das „Kopf"-Maximum des MPA gemäß Abb. 31 mit wachsendem d weit zu tiefen Frequenzen verschieben und trotzdem einen relativ hohen „Rücken" bei mittleren und langen „Schwanz" bei hohen Frequenzen erhalten. Die daraus resultierende Breitbandigkeit dieses speziellen Helmholz-Resonators, dessen ungedämpfter Hohlraum für auftreffende Schallwellen anregbar ist, erinnert an diejenige des Schlitz-Absorbers in Abschn. 6.2, dessen Hohl-

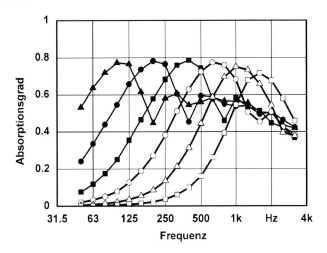

Abb. 31 Für senkrechten Schalleinfall berechneter Absorptionsgrad α_0 eines Folien-MPA (ohne Wärmeleitung) mit b = 0.2, a = 2, t = 0.2 mm; d = 25 (□), 50 (△), 100 (○), 200 (■), 400 (•), 800 mm(▲)

raum aber möglichst prall mit Dämpfungsmaterial gefüllt wird. Zu derart tiefen Frequenzen kann man mit so dünnen Folien allerdings wegen des Verhältnisses (88) nur gelangen, indem man diese z. B. durch ein weitmaschiges Stützgerüst in Form bringt und so am Mitschwingen hindert. Wenn man aber auf den Frequenzbereich zwischen 250 und 4000 Hz abzielt, wie er etwa in „Spaßbädern" oder „Flaschen-Kellern" dominiert, so bietet eine zweilagige MPA-Variante die passende Absorption, wie das Ergebnis der ersten Musterinstallation im Dachbereich eines Bades mit einer Halbierung der Nachhallzeit deutlich gemacht hat, s. [1, Abschn. 12.17].

Transparente MPA-Folien empfehlen sich natürlich besonders als Bespannungen und Rollos vor Glasfenstern und -fassaden, wenn die Vorsatzschale aus Acrylglas wegen ihres höheren Preises nicht in Frage kommt. Auch bieten „Spanndecken" aus PVC-Folien und Gewebe nach [58] sehr vielfältige neue Möglichkeiten zur Verbesserung des Lärmschutzes und der akustischen Behaglichkeit, wenn diese mikroperforiert ausgeführt werden. Unter den Musterinstallationen in [1, Kap. 12 und 14] sind das Erlebnisbad *Welle* Gütersloh, der *Schlüterhof* im Deutschen Historischen Museum Berlin (Abb. 32) und der *Mediengarten* des Mitteldeutschen Rundfunks Leipzig, um nur einige namhafte Beispiele zu nennen. Der Lizenzpartner öffnet auf Anfrage eine viel längere Liste.

8.3 Mikroperforierte Flächengebilde

Bei allen in Abschn. 8.1 und 8.2 diskutierten mikroperforierten Bauteilen ging es stets um Luft-in-Luft-Resonatoren, deren Bautiefe nach Gl. (85) und (83) nicht nur die Resonanzfrequenzen, sondern nach Gl. (86) und (48) auch die Bandbreite ihres Wirkungsmaximums mitbestimmt. Die akustisch aktivierten Folien bewähren sich aber in großen Werkhallen, Atrien und Auditorien auch dann als Mitten- und Höhenschlucker, wenn sie nicht mit einer schallharten Wand oder Decke einen rundum abgeschlossenen Hohlraum bilden. Es ist bekannt, dass die „klassischen" MPA zu tieferen Frequenzen hin etwas an Wirkung verlieren, wenn besagtes Luftkissen akustisch nicht richtig geschlossen ist. Dass irgendwie waagerecht oder schräg frei im Raum aufgespannte mikroperforierte Folien trotzdem über zwei bis drei Oktaven hin die Nachhallzeit in einer Halle bei 1000 Hz von 3,6 auf 2,1 s senken konnten, war daher zunächst unerwartet [59]. Auch wenn mikroperforierte ebene Flächengebilde einfach parallel zueinander senkrecht von einer Decke oder auch Zwischendecke abgehängt werden, zeigen sie zu höheren Frequenzen hin eine bemerkenswerte Schallabsorption, die natürlich wiederum von allen geometrischen Parametern dieser Anordnung stark beeinflusst wird [1, Abb. 9.15].

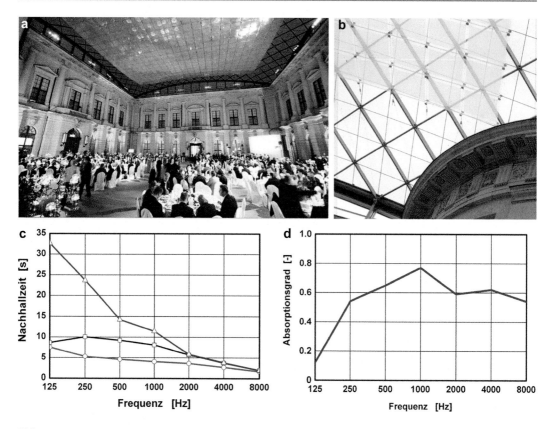

Abb. 32 a Erst ein mikroperforiertes Segel unter seinem konkav gewölbten Glasdach machte den „Schlüterhof" fit für Staatsempfänge, Konzerte und Talk-Shows; Ansicht des Deutschen Historischen Museums in Berlin, **b** Abhängung, **c** Nachhallzeit (□) bzw. Echo-Abklingdauer (△) vorher, Nachhallzeit nachher (○), **d** resultierender Absorptionsgrad des transparenten Segels. (Fotos: Rigips, Kaefer)

Mit mikroperforierten Blechen oder Folien kann man nicht nur Hohlkörper bauen und versuchen, möglichst viel Schall in ihrer Hülle zu schlucken. Es erscheint auch sinnvoll, derartige flächige und räumliche Gebilde nach Art von Schalldämpfern, die konventionell mit porösem/faserigem Material nach Abschn. 3 arbeiten, stattdessen mit einem wiederum mikroperforierten Flächengebilde zu „füllen". Anstelle von sehr eng beieinander angeordneten Poren und Fasern im μm-Bereich lassen sich durch u. U. extrem dünne mikroperforierte Folien, die in den Hohlraum hinein gefaltet, gerollt oder „geknüllt" werden, Löcher oder Kanäle in kleinerer aber immer noch ausreichender Zahl in einer mehr oder weniger gleichmäßigen Verteilung zwischen Teilkammern unterschiedlicher Größe „aufspannen".

Durch und durch mikroperforierte Schalldämpfer, wie sie in Abb. 33 schematisch dargestellt sind, könnten Vorteile bieten: die großen innen wie außen zusammenhängenden mikroperforierten Flächengebilde (z. B. aus Edelstahl) können harte Stöße und anhaltende Vibrationen besser auffangen und aushalten als unzusammenhängende, relativ spröde Mineralfasern oder Hartschäume nach Abschn. 3. Ihre fast geschlossenen glatten Oberflächen verschmutzen außerdem weniger und lassen Flüssigkeiten abtropfen. Abb. 33 zeigt den an zwei Prototypen mit 100 mm Bautiefe im Kundt'schen Rohr gemessenen Absorptionsgrad.

In [60] wird ein etwas anderes Auslegungskonzept für mikroperforierte Flächengebilde propagiert, die – einzeln und völlig frei im Raum aufgespannt – ihre Schall absorbierende Wirkung

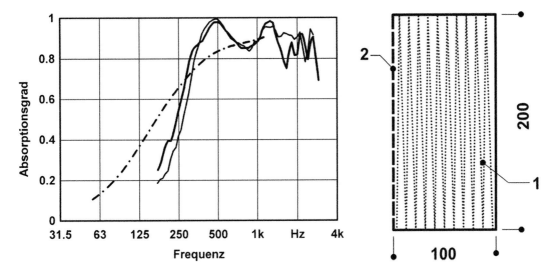

Abb. 33 Absorptionsgrad α, gemessen bei senkrechtem Schalleinfall, auf eine Schalldämpferpackung aus ca. 20 Lagen mikroperforierter Folie *1* mit Lochblech-Abdeckung *2* regelmäßig wie skizziert (—) bzw. unregelmäßig gefaltet (—). Zum Vergleich: poröser/faseriger Absorber gleicher Dicke nach Abb. 5 (– · –)

entfalten können. Mit ihrer nur aus der Luftmasse m' und dem Strömungswiderstand r' in den Löchern gebildeten Impedanz (bezogen auf $\rho_0\,c_0$),

$$\frac{W}{\rho_0\,c_0} = r' + j\,\omega\,m', \qquad (89)$$

lässt sich das Absorptionsvermögen eines gegenüber der Wellenlänge großen derartigen Flächengebildes nach Gl. (7) abschätzen:

$$\alpha = \frac{4\,r'}{(1 + r')^2 + (\omega\,m')^2}$$

$$= \frac{4}{2 + \dfrac{1}{r'} + r'\left[1 + \left(\dfrac{\omega\,m'}{r'}\right)^2\right]}. \qquad (90)$$

Wenn man r' nahe 1 und das Verhältnis

$$\frac{\omega\,m'}{r'} = 0.0537\,(0.0234)\,f\,r_0^2\,\frac{K_m}{K_r} < 1 \qquad (91)$$

ohne (oder mit) Wärmeleitung im Material über r_0 und K_m/K_r möglichst klein macht, dann kann man auch bei mittleren und hohen Frequenzen f noch hohe Absorption erreichen. Für z. B. $r_0 = 0.1$ mm und t = 0.2 mm ergäbe sich bei

1 000 oder 500 Hz für $\omega\,m'/r'$ ein Wert von 0.813 (0.403) oder 0.452 (0.216). Entsprechend hohe Absorptionsgrade ließen sich nach Gl. (90) mit $r' \approx 1$ für $\sigma \approx 0.01$ (0.02) erreichen. In der Realität kann zwar ein Teil der so absorbierten Schallenergie sich hinter diesem dünnen mikroperforierten Flächengebilde weiter im Raum ausbreiten. Andererseits bietet dieser Absorber, anders als der herkömmliche als Vorsatzschale vor einer harten Rückwand nach Abb. 28c bzw. 29, seine Oberfläche S_A beidseitig, also doppelt dem Schallfeld im Raum dar. Die exakte Berechnung seiner Absorption ist zwar nicht mehr so einfach wie beim herkömmlichen MPA mit eingeschlossenem Luftkissen. Aber seine Überlegenheit bei mittleren und hohen Frequenzen wird sehr deutlich aus Messungen an einem Prototyp mit relativ enger Perforation in Abb. 34.

9 Integrierte und integrierende Absorber

Die vorausgegangenen Abschnitte gaben einen aktuellen Überblick über die verschiedenen Wirkungsweisen und Bauarten altbekannter, aber auch einiger neuartiger marktgerechter Luftschallabsorber. Dabei stand die Erläuterung der

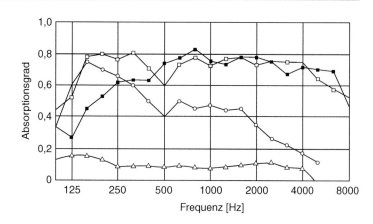

Abb. 34 Im Hallraum gemessener Absorptionsgrad α_S, bezogen auf S_A, eines herkömmlichen MPA wie in [1, Abb. 9.3] (○) und eines nach Gl. (90) ausgelegten MPA (□), beide mit $d = 400$ mm über dem Boden, sowie letzterer senkrecht aufgestellt (■). Zum Vergleich: nicht perforiertes, 0.5 mm dickes Blech mit $d = 400$ mm (△)

im Einzelnen sehr unterschiedlichen physikalischen Dämpfungsmechanismen ordnend im Vordergrund. In der Praxis der Lärmbekämpfung und bei der raumakustischen Gestaltung besteht aber oft die Aufgabe darin, z. B. einen bestimmten bewerteten Schallpegel, etwa nach Gl. (18), bzw. eine wünschenswerte Nachhallcharakteristik, etwa nach Gl. (11), sicher einzuhalten bzw. bedarfsgerecht einzustellen. Es kommt dann darauf an, mit einer möglichst wirksamen und kostengünstigen Auswahl oder einer optimalen Kombination von geeigneten Absorbern das gesteckte oder vorgegebene Ziel unter den jeweiligen Einbau- und Betriebs- bzw. Nutzungsbedingungen zu erreichen. Je breiter die Palette ist, aus der sich ein erfahrener Berater oder Planer bedienen kann, umso besser wird er den an ihn gestellten Erwartungen gerecht.

An Maschinen und Anlagen sind dabei immer wieder neue räumliche, thermische, mechanische und strömungsmechanische Randbedingungen zu erfüllen. Hersteller und Betreiber müssen den technischen Schallschutz als integralen Bestandteil ihres Betriebs begreifen und wertschätzen, um harte Auflagen zu erfüllen und Klagen aus der Nachbarschaft zu vermeiden. Hier werden deshalb Problemlösungen wie beispielsweise diejenigen in Abschn. 9.1, 9.2, 9.3 und 9.4 sehr dankbar aufgegriffen. Auch der Ersatz voluminöser Auskleidungen reflexionsarmer Räume für Messungen an technischen Schallquellen durch schlanke Alternativen mit vielfältigen Vorteilen für ihre Nutzer (Abschn. 9.9) ging sehr zügig vonstatten.

Viel weniger zwingend erscheint dagegen den meisten Architekten und Bauherren die Notwen-

digkeit, auch in Arbeits-, Unterrichts-, Speise- und Versammlungsräumen raumakustische Maßnahmen zu integrieren, die den von ihren Nutzern selbst erzeugten Schallpegel begrenzen. Weil hierzu leider keine ebenso harten Anforderungen genormt sind, leiden viel mehr Menschen darunter als etwa unter dem stärker reglementierten Straßen- und Fluglärm. Die Anwendungsbeispiele 9.5, 9.6, 9.7 und 9.8 sollen demonstrieren, wie man mit innovativ gestalteten Schallabsorbern auch diesen vergleichsweise rückständigen Anwendungsbereich sehr attraktiv bedienen kann, ohne das architektonische Konzept und Baubudget unnötig zu strapazieren. Besonders gut kommen dabei natürlich solche raumakustischen Bauelemente an, die möglichst unauffällig bleiben und gleichzeitig noch andere Funktionen im Raum integrieren können.

9.1 Umlenkschalldämpfer in Aeroakustik-Windkanälen

Um beispielsweise die Geräusche eines 3-MW-Ventilators eines Kfz-Windkanals in der Messstrecke zu eliminieren, erschien es im Auftrag für eine akustische Nachrüstung [61] nicht sehr sinnvoll, die Luft auf konventionelle Weise durch enge, mit Fasern gestopfte Schalldämpferpakete zu pressen. Stattdessen kann man die mittleren und hohen Frequenzanteile in verhauteten Schaumprofilen dämpfen, die in die Umlenkvorrichtungen auch strömungsmechanisch sinnvoll integriert werden (s. Abschn. 3.2). Die tiefen Frequenzen lassen sich ebenfalls ohne

Abb. 35 Umlenkschall-
dämpfer in den Ecken eines
Fahrzeug-Windkanals nach
[61]: 1 Aufteilung der
Luftführung in ungleiche
Kanäle mit gleicher
Einfügungsdämpfung und
gleichen Druckverlusten,
2 Wandverkleidung aus
Membran-Absorbern,
3 Kulissen mit „Rücken-an-
Rücken"-Anordnung von
Membran-Absorbern,
4 Umlenkschaufeln mit
profilierter und
absorbierender
Schaumstoff-Beschichtung
(Zeichnung: FKFS)

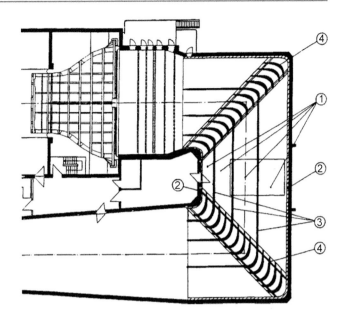

wesentlichen Druckverlust in Membran-Absorbern nach Abschn. 6.3 schlucken, die gemäß Abb. 35 mit ihren glatten metallischen Oberflächen die Strömung an den Wänden und Zwischenwänden der beiden 180°-Umlenkungen optimal um die vier Ecken herumführen. Seit Abschluss dieses Pilotprojektes gehören Umlenkschalldämpfer in dieser und ähnlicher Bauart zur Standardempfehlung bei Schalldämpferauslegungen, um gegenüber Gl. (20) einen kräftigen „Umlenk-Bonus" von bis zu 15 dB zu nutzen, s. [1, Abschn. 10.1 und 12.4]. So wie hier robust gebaute Schallabsorber die Luftströmung mit über 200 km/h um Ecken herum führen, lassen sich auch Maschinen-Kapseln und -Einhausungen unter widrigsten mechanischen und chemischen Bedingungen aus selbst tragenden Absorber-Bauteilen aufbauen, wenn deren Oberflächen nur genügend resistent und reinigbar gemacht werden.

9.2 Schlitz-Schalldämpfer in Heizungsanlagen

Die vorwiegend tieffrequenten Brenner- und Gebläsegeräusche aus den Heizungsanlagen für Büro- und Wohngebäude sind, besonders nach dem Einbau metallischer Innenzylinder in die Schornsteine, zu einem Nachbarschaftsproblem geworden. Hier haben sich u. a. Schlitz-Absorber

nach Abschn. 6.2 zum Einbau zwischen Heizkessel und Abgasleitung bewährt, s. Abb. 36a. Bei entsprechend sorgfältiger akustischer Anpassung an die Quelle lässt sich nach diesem Konzept ein sehr kompakter Schalldämpfer auch serienmäßig vollständig in den Heizkessel, unmittelbar hinter der Brennkammer, integrieren. Das Schnittmodell und das Spektrum in Abb. 36b und c sollen den Einbau und eine Pegelminderung von ca. 8 dB (A) verdeutlichen, s. [1, Abschn. 18.7].

9.3 Schall dämpfende Innenzüge in Schornsteinen

Rohrleitungen und Schornsteine stellen im neuen Zustand, bzw. wenn sie nur wenig verschmutzt sind, ideale Schallwellenleiter dar. Es werden aber häufig Schornsteine verwendet, die einen dünnen „Innenzug" aus hochwertigem Material (Edelstahl) enthalten, der von einem außen liegenden, die statischen und dynamischen Lasten aufnehmenden Außenrohr gehalten wird. Wenn man diese inneren, die Strömung und den Schall im Schornstein führenden Bauteile nicht rund, sondern (viel-) eckig ausführt, kann der Schall die dann ebenen inneren Begrenzungsflächen zum Mitschwingen anregen. Die in Form von Vielecken gestalteten Eckigen Innenzüge (Abb. 37) können

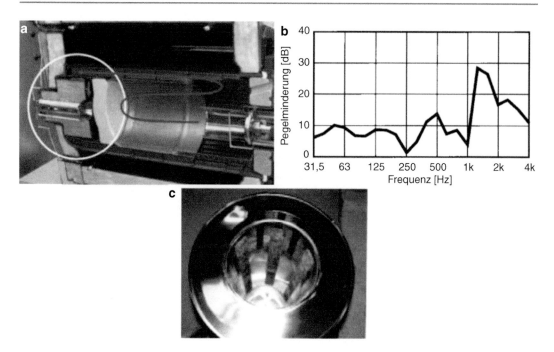

Abb. 36 c Schlitz-Schalldämpfer im Abgasweg von Heizungsanlagen; zwischen Heizkessel und Abgasleitung, **a** im Brennraum **b** und die damit erzielbare Pegelminderung. (Foto: Viessmann, Messung: K + W)

durch ihre geometrischen und Materialparameter akustisch so abgestimmt werden, dass erforderlichenfalls bereits im Oktavband 31,5 Hz beginnend eine breitbandige und dem Frequenzspektrum der Lärmquelle angepasste Einfügungsdämpfung erzielt wird. Aus den im 0,65 × 1,7 m großen Impedanzkanal des *Fraunhofer*-Instituts von 30 bis 300 Hz gewonnenen α-Werten kann man mit Gl. (20) die zu erwartende Dämpfung ungefähr abschätzen. Inzwischen kann die Auslegung der Innenzüge mit Hilfe eines Computerprogramms schnell und einfach vorgenommen werden. Der Absorptionsgrad der einzelnen Plattenresonatoren wird zum einen aus den Impedanzen W_p ihrer Eigenschwingungen, s. Gl. (49), berechnet:

$$W_P = \frac{1}{\sum_m \sum_n \frac{1}{W_{mn}}}; \quad m, n = 1, 3, 5, \qquad (92)$$

Eine Transferimpedanz W_T berücksichtigt zum anderen die Wirkung des Luftvolumens entsprechend Gl. (43) und die Impedanz des Abschlusses hinter dem Luftvolumen [33]. Wellenwiderstand,

Dicke des Absorbers und Ausbreitungskonstante im Absorber werden wie in Gl. (62) berücksichtigt. Mit $W = W_P + W_T$ berechnet sich der Absorptionsgrad α bei senkrechtem Schalleinfall dann wie in Gl. (7) angegeben.

Die Prinzipskizze in Abb. 34 zeigt eine auf 50 bis 200 Hz abgestimmte Anordnung eines „Eckigen Innenzuges" aus je $n = 2$ Platten mit 0,8 und 1 mm Dicke und aus $n = 4$ Platten mit 0,6 mm Blechstärke. Mit Hilfe einer an den Eckigen Innenzug der Länge l angepassten Gl. (20) kann so eine Dämpfung D abgeschätzt werden nach

$$D = \frac{1.5\,l}{S} \sum n_i \alpha_i U_i; \quad i = 1, 2, 3 \dots \quad (93)$$

Abb. 38 zeigt die gemessenen Dämpfungswerte eines Schornsteines mit integriertem Schalldämpfer. Im Foto, das bei der Montage entstand, erkennt man unten den leicht abgewinkelten, ebenfalls eckigen Anschlussteil des Schornsteines. Für diese vor allem bei 63 und 125 Hz relativ hohe Dämpfung wurde die gesamte zur Verfügung stehende Schornsteinlänge von 31 m genutzt. Bei

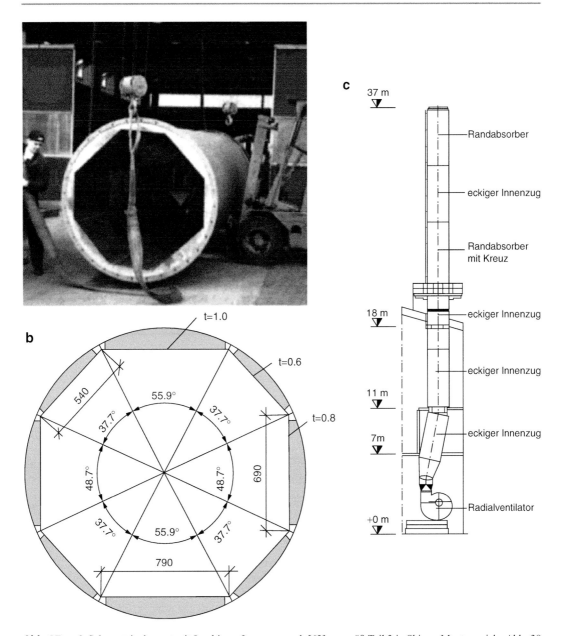

Abb. 37 a, b Schornsteinelement mit 8-eckigem Innenzug nach [62] **c** gemäß Teil 3 in Skizze; Montage siehe Abb. 38

1,6 m innerem und 1,8 m äußerem Durchmesser sind auf jeweils 20 m Länge die Eckigen Innenzüge und zusätzlich auf 11 m Länge poröse Absorber eingebaut. Die Schalldämpfer werden zwei- bis dreimal pro Jahr mit Wasserstrahl über Inspektionsluken gereinigt. Weil sie fast druckverlustfrei arbeiten, spart der Betreiber gegenüber der alten Ausführung mit Kulissenschalldämpfern etwa 30.000 € pro Jahr an Energiekosten. Weitere Einsätze dieser außerordentlich erfolgreichen Innovation in Anlagen zur Papierherstellung, zur Mineralwolle- und Düngemittelproduktion und Nassentstaubung werden in [1, Abschn. 13.8.3 bis 13.85] diskutiert.

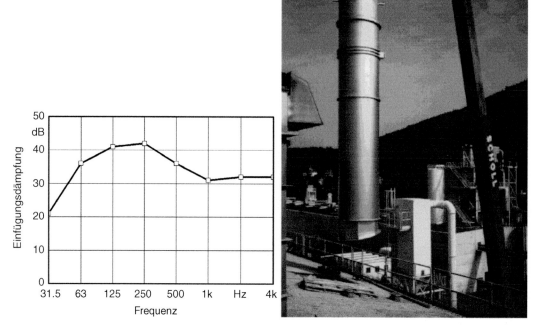

Abb. 38 Einfügungsdämpfung D_e und Montage des ersten (5 m langen) Schornsteins mit Eckigem Innenzug bei einem Faserplattenwerk in Amorbach, siehe [1, Abschn. 18.4.3]

9.4 Glasschaum-Module an Straßen und Schienenwegen

Der Schallschutz an Straßen verlangt nach sehr widerstandsfähigen Absorbern. An Schienenwegen, insbesondere solchen von Hochgeschwindigkeitsstrecken, konnten sich ausgesprochen schlanke, dabei aber außerordentlich stabile Fertigteile bewähren, in denen Blähglas-Formkörper nach Abschn. 3.3 mit Beton-Tragschalen bereits im Werk zu einer untrennbaren Einheit verbunden werden. Die 55 mm dicken Absorber-Paneele erlauben die Realisierung von Betonwänden mit sehr geringer Wandstärke. Das dadurch reduzierte Eigengewicht erleichtert die Montage vor Ort erheblich. Die derart massiven Verbund-Bauteile kommen der Stand- und Verkehrssicherheit, die hier absolute Priorität haben, sehr entgegen. Mit einem Absorptionsgrad von 1 oberhalb 315 Hz und einem Schalldämmmaß von 44 dB werden die höchsten Anforderungen der *Deutschen Bahn* (ZTV-Lsw 88) weitaus übererfüllt. Abb. 39 zeigt

z. B. eine solche Lärmschutzwand an einer Umgehungsstraße der Stadt Leimen. In Tunnels der „Thalys" Schnellbahntrasse zwischen Paris und Amsterdam wurden z. B. insgesamt 5 250 m^2 der Blähglasplatten als Schürzen und Wandverkleidungen verlegt. Wie man dieselben großflächig über den Bahnsteigen und -gleisen im Regionalbahnhof Potsdamer Platz in Berlin mit einem speziell hierfür entwickelten Schnellkleber angebracht hat, wird in [1, Abschn. 14.7.1] ausführlich beschrieben.

9.5 Kanten-Absorber in Kommunikationsräumen

In [1, Kap. 13] wird sehr ausführlich das Problem hoher Schallpegel in Räumen für intensive sprachliche und musikalische Nutzung behandelt. Dabei spielen die Maskierung hoher Frequenzanteile durch tiefe, der Lombard-Effekt, aktuelle Trends in der Architektur sowie eine kontraproduktive Normung (z. B. in DIN 18041–2015) verhängnisvoll zusammen. Als Problemlösung wird

Abb. 39 a Blähglas als Schallschutz-Module in einer Lärmschutzwand aus Beton-Verbundabsorbern an einer Umgehungsstraße, **b, c** im Tunnel einer Schnellbahntrasse. (Fotos: Liaver)

die Erzeugung akustischer Transparenz durch Bedämpfung der Raum-Moden und eine generelle Absenkung der Nachhallzeit bis zu den tiefsten Frequenzen empfohlen. In Abschn. 4, Abb. 8 wird gezeigt, wie sich bei beliebiger Anregung eines Raumes die Schallenergie in seinen Ecken und Kanten konzentriert. Um insbesondere das „Dröhnen" kleinerer Räume bei den tiefen Frequenzen zu dämpfen, hat sich deshalb der Einbau so genannter Kanten-Absorber bewährt. Diese bestehen im einfachsten Fall aus größeren Mengen faserigen oder porösen Materials, das, z. B. in senkrechten Kanten von Tonstudios aufgetürmt, die Schallenergie sehr effizient schlucken kann.

Auf der Suche nach einfachen und kostengünstigen Absorbern für kommunikationsintensiv genutzte Räume nach [1, Tab. 13.2] haben sich Kanten-Absorber KA nach Abb. 40 in Querabmessungen zwischen etwa 300 und 500 mm mit einer Mineralwolle-Füllung hinter Gipskarton-Platten und Lochblech bzw. Lochgips gut bewährt. Diese

- können in konventioneller Trockenbauweise sehr robust komplett vor Ort gefertigt werden,
- treten waagrecht wie Unterzüge an Decken oder senkrecht wie Installationsschächte an Wänden kaum auffällig in Erscheinung,
- sind selbst mit den stets schmalsten Budgets für den Innenausbau z. B. von Schulen und Kantinen realisierbar.

Dabei entfalten sie eine ganz erstaunliche akustische Wirksamkeit: Bezogen auf ihre akustisch transparente Fläche S_A kann man – gemittelt über verschiedene Einsatzfälle und stark abhängig von der Raumgeometrie und -einrichtung – z. B. in der 63 Hz-Oktave mit einem Absorptionsgrad α bis 2 oder 3 rechnen. Das kommt natürlich dem regelmäßig großen Bedarf für Absorption im Bassbe-

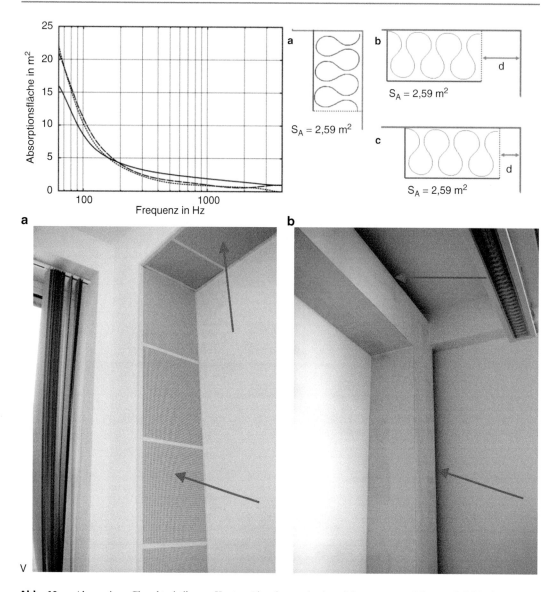

Abb. 40　**a** Absorptions-Charakteristik von Kanten-Absorbern mit einer Länge von ca. 6.5 m nach [63]; dem Raum zugewandt (liniert), **b** verdeckt mit d ≈ 20 cm (strichliert), **c** d ≈ 10 cm (punktiert)

reich sehr entgegen. Erst zu den mittleren Frequenzen fällt α auf den Wert 1, s. [63]. Jedenfalls kann man so in vielen Fällen die vorwiegend bei mittleren und hohen Frequenzen wirksamen „Akustikdecken", die ganzflächig angebracht werden, ergänzen oder ganz entbehrlich machen.

Abb. 41 zeigt ein Beispiel aus der ersten raumakustischen Sanierung mit KA in der Macromedia Hochschule für Medien und Kommunikation in Berlin-Kreuzberg: Im 272 m³ großen Hörsaal

wurden diese auf einer Länge von ca. 25 m an den 3 fensterlosen Wänden waagrecht unter der Decke sowie senkrecht in einer Raumkante, ca. 40–60 cm breit jeweils den baulichen Gegebenheiten angepasst, eingebaut. Die offene Fläche entspricht somit etwa 20 % der Grundfläche des Raumes. Nach sorgfältiger Verspachtelung aller Wand- und Deckenanschlüsse sorgten zwei Anstriche der Einbauten im gleichen Weiß der Wände und Decken dafür, dass diese Maßnahme den

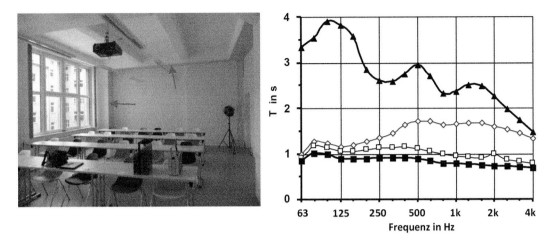

Abb. 41 Die erste raumakustische Sanierung von Unterrichtsräumen in einer ehemaligen Fabrikhalle mit Kanten-Absorbern [63]; Nachhallzeit unbesetzt vorher (▲), nachher (◊), mit 25 Nutzern (□), plus Utensilien (■)

Abb. 42 Der Ganztages-Hort in der *Sonnenuhr* Grundschule in Berlin-Lichtenberg [64] vor der raumakustischen Sanierung

Nutzern nach einer kurzen Ferienpause optisch überhaupt nicht auffiel. Im Vergleich zur Nachhallzeit eines fast baugleichen Raumes mit 254 m³ ist in Bild 9 eine gewaltige Absenkung insbesondere des tieffrequenten Nachhalls auf etwas über 1 s zu erkennen. Wenn man die Absorption durch etwa 25 Personen berücksichtigt und zusätzlich zu erwartende Dämpfung durch abgelegte Kleidung, Taschen und Arbeitsutensilien, die diese in den Raum hineintragen, dann ergibt sich so eine frequenzunabhängige Nachhallzeit von konstant 1 s, wie sie für kommunikationsintensiv genutzte

Räume dieser Größe schon fast als ideal anzusehen ist, wenn nur ein Anstieg zu den Tiefen vermieden wird. Entsprechend zufrieden waren alle Nutzer und sofort wurden 6 weitere Unterrichts-, Konferenz- und Aufenthaltsräume mit derselben Technologie baugleich nachgerüstet.

In die Muster-Installation für den Berliner Schulbetrieb in einem Hort (Abb. 42) flossen bereits Erfahrungen aus ca. 20 Unterrichts-, Musik-, Wasch- und Speiseräumen ein. Der 8 × 8.8 × 3.0 m große Raum ist an Decke und Wänden schallhart umschlossen. An 2 gegenüber liegenden Wänden sorgen insgesamt 4 große Fenster für einen lichtdurchfluteten Raum, der vor- und nachmittags mit maximal 30 Kindern belegt ist. Ein recht gewaltiger, ca. 800 mm breiter und 550 mm tiefer Betonsturz unter der Decke wirkt nicht nur visuell sondern auch akustisch wie ein Raumteiler für zwei unterschiedlich große Nutzergruppen. Tatsächlich gehen in diesem Raum aber regelmäßig bis zu 4 Gruppen gleichzeitig unterschiedlichen Beschäftigungen nach. Entsprechend hohe Schallpegel über 80 dB (A) wurden in diesem Raum gemessen und von den Erzieherinnen seit seiner Inbetriebnahme vehement beklagt. Der wesentliche Grund ist selbstverständlich die vorgefundene Nachhall-Charakteristik des Raumes (Abb. 44): Von 3 s bei mittleren Frequenzen steigt die Nachhallzeit ab 125 Hz zu den Tiefen hin kontinuierlich an, bis auf gewaltige ca. 9 s bei 63 Hz – mit starken örtlichen Schwankungen. Eine entspannte Kommunikation unter mehreren Teilnehmern ist unter diesen Bedingungen, selbst über kurze Entfernungen, praktisch unmöglich. Stattdessen wird bei jeder Nutzung unweigerlich die in [1, Abb. 13.6] geschilderte Lautheits-Spirale in Gang gesetzt.

Mit den hier installierten KA (Abb. 43) wird dem Schallfeld im Raum eine perforierte Oberfläche von insgesamt ca. 25 m^2 zur Absorption geboten. Das entspricht etwa 29 % der Grundfläche des Raumes von 86 m^2 und damit etwas mehr, als

den kaum mehr als 20 % in allen vorausgegangenen Sanierungsprojekten. Der Mehraufwand wurde für nötig erachtet wegen des den Hort ungleich teilenden massiven Decken-Unterzugs. Es sei aber betont, dass diese Nachrüstung möglich wurde ohne irgendeine Veränderung an den bereits vorhandenen elektrischen und lichttechnischen Installationen. Lediglich das Wandbild büßte auf einer Seite einige cm ein, und eine Projektionsleinwand musste etwas versetzt werden.

Bereits im leeren Raum wurde die Nachhallzeit auf nun fast konstant nur noch 1.2 s abgesenkt. Wie Abb. 44 zeigt, senkt selbst eine sehr karge Möblierung mit nur einigen kleinen Holztischen und -stühlen, auch subjektiv gut spürbar, die Nachhallzeit breitbandig um ca. 0.2 s. Wenn noch ein paar Kinder, wie in Abb. 42 zu sehen, hinzukommen, erhöht sich die Absorption weiter, allerdings nur bei den mittleren Frequenzen. Je mehr insbesondere gepolsterte Möbel im Raum aufgestellt werden und je mehr Menschen den Raum füllen, umso weiter sinkt die Nachhallzeit. Nachdem aber die Tiefen schon hinreichend durch die KA „geschluckt" wurden, steigt der von den Nutzern selbst erzeugte Schallpegel nicht mehr unbedingt mit der Zahl der Kommunizierenden an, wenn der Erzieher es versteht, seinen Zöglingen klarzumachen, wie man sich in diesem besonders konditionierten Raum zu aller Nutzen und Wohlbefinden verhält.

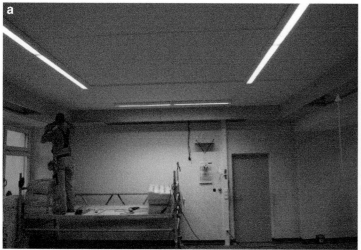

Abb. 43 **a** Kanten-Absorber im Raum von Abb. 42 während der Montage **b** und vor dem Verspachteln und Streichen

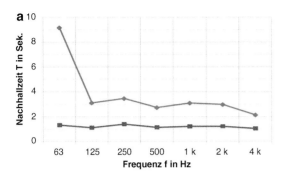
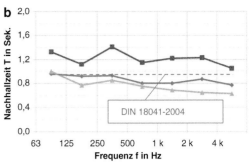
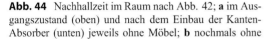

Abb. 44 Nachhallzeit im Raum nach Abb. 42; **a** im Ausgangszustand (oben) und nach dem Einbau der Kanten-Absorber (unten) jeweils ohne Möbel; **b** nochmals ohne

Möbel (oben), mit karger Möblierung (mittig), mit zusätzlich einigen Kindern (unten)

Aus diesen Erkenntnissen und den im Baugeschehen leider herrschenden Restriktionen, was Mittel für raumakustische Maßnahmen angeht, lässt sich ein durchaus neuartiges Konzept entwickeln, welches sich auf ein breites Anwendungsfeld zuschneiden lässt. Es kommt dem aktuellen architektonischen Trend zu scheinbar knallharten glatten Betonflächen entgegen, wonach die schallweichen, aber gleichzeitig, in der Regel ungewollt, Wärme dämmenden Unterdecken weitgehend eliminiert werden, um die notwendige Geschosshöhe entsprechend einzusparen und die weitgehend nackte Betondecke umweltfreundlich zu aktivieren. Zu den Kanten hin halten üblicherweise aber auch die im Beton verlegten Rohre von Kühldecken einen gewissen Abstand, so dass die Kanten-Absorber hier den Wärmetransport nicht behindern müssen. Wenn die Löcher in ihren akustisch transparenten Flächen mit einem Lochflächenverhältnis von typischerweise $\sigma \approx 0{,}2$ nicht zu klein gewählt werden, lassen sich diese Schalldämpfer, anders als Mineralfaser-Unterdecken, bei jeder konventionellen Renovierung wie die Wände und Decken leicht überstreichen.

9.6 Breitband-Kompaktabsorber in Offenen Bürolandschaften

Aber erst wenn man den gesamten Hörbereich des Menschen von 50 Hz bis weit in den kHz-Bereich hinein an ein und derselben Begrenzungsfläche

mit geringer Bautiefe bei entsprechendem Bedarf praktisch vollständig absorbieren kann, werden sich manche Zweifler von der Bedeutung der Akustik für anspruchsvolle Arbeits- und Aufenthaltsräume überzeugen lassen. Abschn. 5.3 beschreibt einen breitbandig ausgelegten Tiefen-Schlucker, welcher die freien Schwingungen einer „schwimmend" verlegten Stahlplatte mit der Dämpfung einer am Rande offenen Weichschaumplatte kombiniert. Bereits bei diesem Verbundplatten-Resonator VPR spielte die möglichst elastische Verbindung zwischen schwingender Platte und dämpfender Schicht eine wichtige Rolle. Wenn man gemäß Abb. 45 eine zweite faserige oder poröse Schicht auf ähnliche Weise vor der Stahlplatte anbringt, dann entfaltet letztere nicht nur die in Abschn. 3.1 bzw. 3.2 beschriebene Absorption bei höheren Frequenzen. Offenbar erreicht bei dieser Konfiguration, bei der die Platte allseitig weich eingebettet frei schwingen kann, das Dämpfungspotential dieses kombiniert reaktiv-passiven Breitband-Kompaktabsorbers BKA ein Optimum. Die Ergebnisse in Abb. 45 zeigen auf eindrucksvolle Weise, dass man mit einem nur 100 mm dicken BKA mit innen schwimmend gelagerter 1 mm starker Stahlplatte den gesamten praktisch interessierenden Hörbereich abdecken kann. Die Wirkung von noch dickeren Platten (bis 2.5 mm) lässt sich allerdings auch im nach [1, Abb. 5.14] konditionierten Hallräumen nicht mehr so eindeutig quantifizieren wie durch Messung der Nachklingzeiten bei den Eigenresonanzen des Raumes, s. [1; Abschn. 5.3]. Auch die etwas hervortretenden

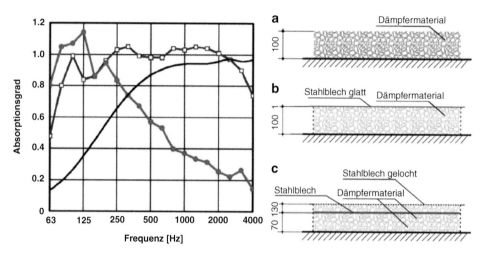

Abb. 45 Im Hallraum nach [1; Abschn. 5.3] gemessener Absorptionsgrad für (schematisch dargestellte) poröse/faserige Absorber nach Abschn. 3 (ohne Symbole, **a**), Verbundplatten-Resonatoren nach Abschn. 5.3 (•, **b**), sowie Breitband-Kompaktabsorber (□, **c**)

Maxima in den beiden Mess-Kurven von Abb. 45 unter 250 Hz haben mehr mit dem speziellen Messraum als mit den Resonanz-Mechanismen in diesen vielfach geschichteten Absorber-Modulen zu tun.

In Großraumbüros mit thermisch aktivierter Decke, dem Anspruch flexibler Arbeitsplatzgestaltung und rundum höchster optischer Transparenz sind herkömmliche abgehängte Akustik-Decken, Wand-Verkleidungen oder Kanten-Absorber kaum unterzubringen. Stattdessen sind heute in das architektonische und ergonomische Konzept und in den gesamten Innenausbau voll integrierte akustische Maßnahmen nach [1, Abschn. 14.6] gefragt, die mit attraktiven, glatten Oberflächen dem Betreiber oder Nutzer möglichst jede Gestaltungsmöglichkeit lassen und keinen zusätzlichen Raumbedarf verursachen oder gar kostbare Nutzfläche verbrauchen.

Nachdem sich das alternative Raum-Akustik-Konzept im Markt für Büro-Immobilien etabliert hat und die neuartigen Akustik-Bausteine außer der Dämpfung und Dämmung von Schallwellen auch noch wichtige zusätzliche Funktionen der Beleuchtung, der elektrischen Verkabelung sowie der elektronischen Vernetzung und nach [1, Abschn. 10.4] sogar der Klimatisierung der Arbeitsplätze mit übernehmen können, lassen sich offene Bürolandschaften jetzt kostengünstig kom-

plett transparent einrichten. In Abb. 46 erkennt man die raumhohen Schallschirme mit den jeweils beidseitig flankierenden und vorder- wie rückseitig breitbandig absorbierenden Kompakt-Absorbern.

In diesem Beispiel geht es um ein modernes Verwaltungsgebäude, das als „Atrium" angemietet wurde. Die Nutzer klagten aber nach kurzer Zeit über hohe Lärmpegel und ein für konzentriertes Arbeiten untaugliches akustisches Ambiente. Auch die probeweise Aufstellung herkömmlicher stoffbespannter Akustik-Stellwände zwischen den Arbeitsplätzen brachte keine nennenswerte Verbesserung. Für eine Gebäudespange mit $V = 741$ m^3, $S_G = 19 \times 13 = 247$ m^2, $h = 3$ m, wurde ein mustergültiges raumakustisches Konzept für eine Flächen-Kennzahl von 9 m^2 pro Nutzer erarbeitet. Für einen hohen Zukunftswert sollten alle Einbauten nicht nur möglichst transparent, sondern auch einfach de- und remontierbar sein.

Die raumakustische Gestaltung schuf mit Hilfe von 6 raumhohen Schallschirmen, 5 derselben in L-Form und 3 in T-Form insgesamt 14 akustisch definierte, aber optisch völlige offene Zonen für verschiedene Arbeitsgruppen und Nutzungsarten. Mit einer Absorberfläche $S_A = 147$ m^2 entsprechend etwa 60 % der Grundfläche dieses Musterraumes wurden hier immerhin über 5 m^2 pro Nutzer installiert – trotzdem eine Investition, die in

Abb. 46 In Glas-Systemwände integrierte Breitband-Kompaktabsorber beruhigen eine offene und transparente Bürolandschaft bei der *Deutschen Telekom* in Bonn (Foto: Renz – solutions)

diesem Falle im Bauetat fast unterging. Befindet sich zwischen einem Sende- und einem Empfangsort auch nur einer dieser Schallschirme, so ergeben sich, ganz ohne geschlossene Wände oder Türen, Pegeldifferenzen von ca. 22 dB (A) und Immissionspegel durch normale Gespräche von unter 40 dB(A).

9.7 „Versteckte" Schallabsorber in lauten Räumen

Es gibt leider viele Architekten und Denkmalschützer, die absolut keine Schallabsorber als solche erkennbar in ihren Räumen dulden wollen – gleich welcher Nutzung diese dienen sollen. So wurde eine erhaltenswerte 2400 m^3 große Halle der Firma Bosch aus dem Jahre 1903 zu einem modernen, vielfältig nutzbaren Schulungszentrum umgebaut (Abb. 47). Von den alten Kranschienen bis zu den wertvollen Stuckarbeiten an der Decke sollte das architektonische Konzept

vollständig erhalten bleiben. Glatte, geschlossene Oberflächen sollten das ursprüngliche Erscheinungsbild einer Fabrikhalle auch weiterhin betonen. Konventionelle Akustikmaterialien hinter perforierten Abdeckungen kamen daher hier nicht in Frage. Die Decke durfte in keiner Weise „belegt" werden. Unter diesen sehr starken Einschränkungen erschien eine Absenkung der Nachhallzeit der leeren Halle von fast 8 auf unter 1.5 s als große Herausforderung. Um die tiefen Frequenzen von Sprache und Musik bis 63 Hz herunter zu dämpfen, kamen VPR in 3 verschiedenen Konfigurationen zum Einsatz:

- An der Vorder- und an der Rückwand der Halle insgesamt 58 m^2 10 cm dicke VPR-Module gemäß Abb. 47a und c. Eine ebene, geschlossene Oberfläche wurde mit einer unmittelbar davor angebrachten, 1.8 cm dicken Gipskarton-Vorsatzschale erreicht. Ihre Perforation mit einem Lochanteil von 20 % wurde mit einem Stoff abgedeckt, der mit einer Spezialfarbe den ursprünglichen Putz und Anstrich simuliert. Der Transmissionsgrad dieser Kaschierung liegt bis 250 Hz hinauf über 90, bis 500 Hz noch über 80 %,
- 54 m^2 VPR im Hohlraumboden in Wandnähe hinter einer ebenfalls akustisch ausreichend transparenten Abdeckung,
- schließlich noch 32 m^2 dieser Tiefenschlucker auf den Kranschienen.

Für eine hochwirksame Absorption über den ganzen interessierenden Frequenzbereich kamen insgesamt noch 58 m^2 BKA-Module, vor allem hinter der großen Projektionsfläche an der Rückwand (Abb. 47b und d) zum Einsatz. Um bei dieser starken Absorption vor allem der beiden Stirnwände der Echobildung von den Seitenwänden her vorzubeugen und noch etwas zusätzliche Absorption bei mittleren Frequenzen zu besorgen, wurden schließlich noch MPA-Rollos vor den Glasfenstern vorgesehen. Damit konnte die sehr gleichmäßige Nachhallzeit gemäß Abb. 47e mit einer Belegung von kaum 20 % der gesamten Raumoberfläche realisiert und so eine universelle Nutzung, z. B. auch als Mehrpersonen-Büro, ermöglicht werden.

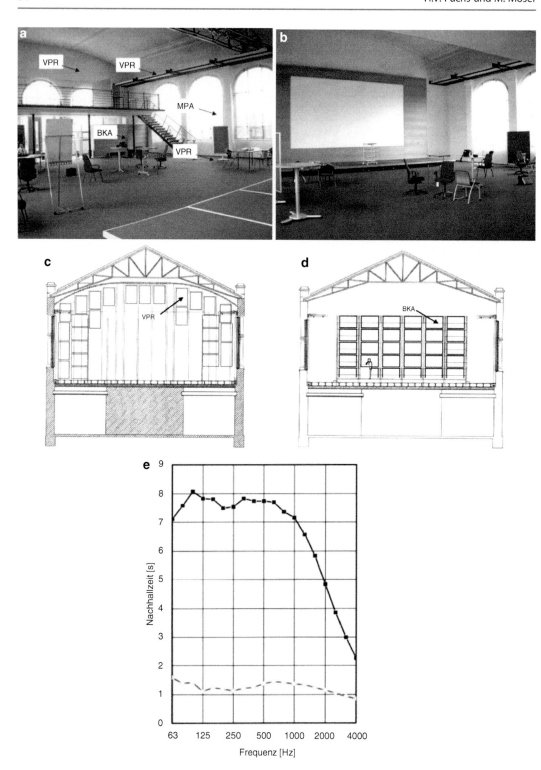

Abb. 47 Durch verschiedene „versteckt" installierte Breitband-Schallabsorber ließ sich eine denkmalgeschützte Fabrikhalle bei *Bosch* in Reutlingen zu einem Mehrzweckraum restaurieren. **a, c** Insbesondere die VPR- und BKA-Module an der Vorderwand **b, d** und an der Rückwand **e** sorgen für eine drastische und gleichmäßige Absenkung der Nachhallzeit

Beton-Kühldecken, in denen zentral bereitgestelltes Kühlmittel zirkuliert, mit einer Kühlleistung von nur etwa 30 W pro m² Grundfläche können die klimatischen Anforderungen oft nicht allein erfüllen. Kompakte, separat aufzustellende Kühl-Aggregate, die man gern wie „Klimatruhen" in der Nähe von Arbeitsplätzen installieren würde, können es zwar mit entsprechend hohem Lufttransport und leistungsfähigen Wärmetauschern auf mehrere kW pro Gerät bringen. Sie entsprechen aber nicht den anderen sensuellen Anforderungen an hochwertige Aufenthaltsräume. Zugerscheinungen und Lärmbelastungen sind damit unvermeidlich verbunden. Man versucht deshalb, dem stark gestiegenen Bedarf für Wärme- und Schallabsorption mit *einem* Bauteil entgegen zu kommen. Abb. 48 zeigt z. B. einen speziellen Breitband-Kompaktabsorber mit einem vorgesetzten Kühlelement. Diese Kombination setzt allerdings eine frühzeitige Planung voraus und kann später wechselnden Bürostrukturen kaum angepasst werden. In [1, Abschn. 10.5] wird auch ein Schall absorbierendes Umluft-Klimagerät vorgestellt, das in eine flexibel installierbare Glas-Systemwand so integriert wird, dass diese nicht nur für eine gute Raumakustik sondern auch für ein gutes Raumklima sorgt, s. Abb. 49.

Man kann auch für eine erhebliche zusätzliche Absorption im Raum sorgen, indem man z. B. großflächig frei verlegte Lüftungskanäle mit einer Mikroperforation versieht. Wenn die Löcher bei einem gewissen Überdruck im Kanal durchströmt werden, was im Hinblick auf die Belüftung des Raumes nicht unerwünscht sein muss, so erhöht sich diese Absorption sogar noch etwas, s. [65, Abb. 14]. Außerdem kann der mit der Strömung im Inneren des Kanals, z. B. vom Ventilator her,

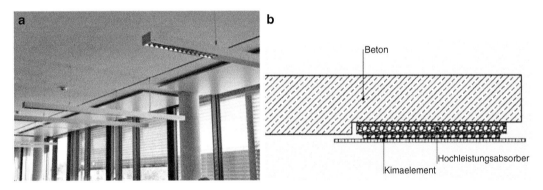

Abb. 48 Thermisch aktivierter BKA unter einer Betondecke; **a** Ansicht, **b** Schnitt. (Foto und Zeichnung: Renzsolutions)

Abb. 49 Glas-Systemwände integrieren Akustik, Licht und Raumklima (Foto: Renzsolutions)

mitgeführte Lärm bei mittleren und tiefen Frequenzen um einige dB pro m gedämpft werden.
Bei den äußeren wie den inneren Dämpfungsmechanismen wirkt offenbar die ruhende oder auch
bewegte Luft im Kanal als konzentrisch komprimierbares Luftkissen, indem im einen Fall die von
außen auftreffenden, im anderen die innen näherungsweise eben fortschreitenden Wellen diesen
nochmals wesentlich modifizierten Helmholtz-
Resonator zum Mitschwingen und damit zum
Absorbieren anregen. In [1, Abschn. 10.4, Kap.
12 und 14] sowie in [63] sind zahlreich weitere
Hinweise zu finden, wie man Schallabsorber z. B.
in Möbeln, Nischen oder Decken-Hohlräumen
verschwinden lassen kann.

9.8   Mikroperforiertes Glas in Fenstern und Fassaden

Vom Erkennen und Durchdringen eines speziellen
schalltechnischen Problems über die Erarbeitung
eines Lösungskonzepts und Entwicklung geeigneter Prototypen bis hin zur marktgerechten
Umsetzung eines neuartigen Schallabsorbers vergehen erfahrungsgemäß bis zu 10 Jahre. Bei den
mikroperforierten Kunststoff- und Metall-Bauteilen (Abschn. 8) lief der Innovationsprozess
besonders schnell ab, weil das Auslegungsprinzip
so simpel ist und entsprechende Perforationsverfahren fast fertig zur Verfügung standen. Das
eigentlich auslösende Problem aber, nämlich die
schädlichen Reflexionen von großen zylindrischen Glaswänden wie denen des Bonner Plenarsaals [1, Abschn. 12.7], blieb 20 Jahre praktisch
ungelöst. Erst vor kurzem gelang es, Mikro-
Schlitze einer Breite von 0,2 mm im Abstand
von 1,8 mm auch in 4 mm dickes Floatglas mittels
eines Wasserstrahl-Verfahrens einzubringen. So
lassen sich hoch absorbierende Einsätze in den
Abmessungen 200×200 mm gemäß Abb. 50
in Fassaden (hier: aus 8 mm Floatglas) integrieren. Mit einer Mikroperforation von 3,5 % (bezogen auf die Fassade) bzw. 9,4 % (bezogen auf die
Einsätze) kann man, im Hallraum gemessen, die
in Abb. 50d dargestellte Absorption erreichen.
Der Hersteller will mit der Muster-Installation in
Abb. 50 kongeniale Architekten animieren, mit

diesem innovativen Design neue Wege bei der
Verwendung von immer mehr Glas in anspruchsvoller Architektur zu beschreiten. So könnte man
die in den Plenarsälen [1, Abschn. 12.7] seinerzeit
gefundenen Problemlösungen [57] optisch sehr
attraktiv ersetzen.

9.9   Schlanke Auskleidungen für reflexionsarme Räume

Die in Abschn. 5.3 und 9.6 beschriebenen Verbundplatten-Resonatoren und Breitband-Kompaktabsorber wurden zwar ursprünglich für die
Gestaltung von Schallfeldern in hochwertigen
Abhörräumen von professionellen Audio- und
Videostudios, aber auch als Hilfsmittel zur Schaffung einer geeigneten raumakustischen Umgebung
für die Mehrkanalwiedergabe bei anspruchsvollen
Musikliebhabern entwickelt. Angesichts ihrer in
Abb. 45 dargestellten Absorptionseigenschaften
lag es aber nahe, auf dieser Basis eine neuartige
reflexionsarme Auskleidung für akustische Mess-
und Prüfräume zu schaffen [1, Kap. 15 und 16].

Bei tiefen Frequenzen, für welche reflexionsarme Räume nicht mehr sehr groß gegenüber der
Wellenlänge sind, bildet sich, wie in Abschn. 4
beschrieben, ein ungleichförmiges Schallfeld aus.
Die neuartige BKA-Auskleidung trägt diesem
Umstand Rechnung, indem sie, anders als bei
der konventionellen Auskleidung mit Keilabsorbern und entgegen einer Forderung in den betreffenden Normen, die rückseitigen Resonatoren
nicht gleichmäßig auf alle Begrenzungsflächen
verteilt, sondern diejenigen mit den dicksten Blechen bevorzugt in den Raumkanten platziert. Von
hier können sie die Raummoden am wirksamsten
dämpfen, s. hierzu auch Abschn. 9.5. Bereichsweise, z. B. vor Türen, kann man die schweren
Schwingbleche auch ganz fortlassen. Zwischen den
stets mit Abstand montierten BKA-Modulen, deren
bevorzugte Größe über 1 m^2 sein sollte, lassen sich
Kanäle und Leitungen sowie andere Installationen
zur jeweiligen Raumnutzung geschickt integrieren.
Auch Leuchten lassen sich in der Deckenauskleidung versenken (s. Abb. 51b und c).

Die BKA-Auskleidung in ihrer einfachsten
Form führt für breitbandig abstrahlende Quellen

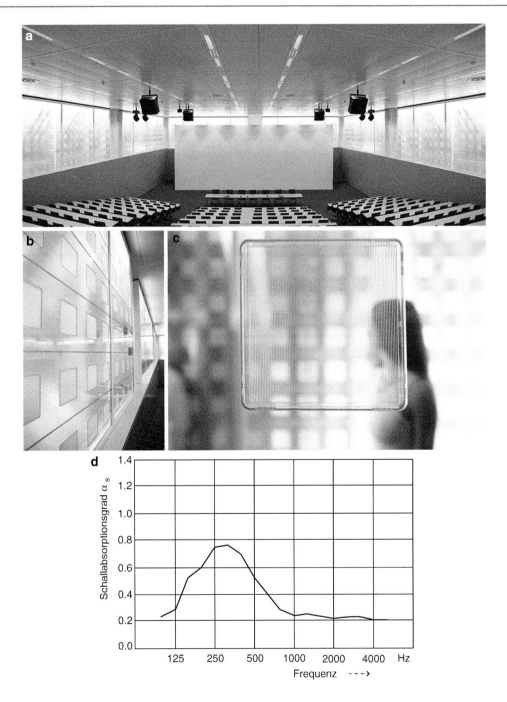

Abb. 50 c Mikroperforierte Einsätze **b** bringen in den großen transluzenten Glasflächen **a** der Aula einer Schweizer Universität **d** eine angemessene Absorption. (Fotos: Akustik&Raum)

zu einer äußerst geringen Raumrückwirkung auf das Direktfeld der Quelle. Dabei erreicht ihr Absorptionsgrad bei senkrechtem Schalleinfall nicht unbedingt die von älteren Ausgaben der zitierten Normen geforderten 99 %. Entsprechende Messungen an Absorbern, deren Wirkung bei tiefen

Abb. 51 a Besonders
schlanke
BKA-Auskleidung mit 1 bis
2.5 mm dicken Stahlplatten
zwischen 100 bzw. 150 mm
offenporigen
Weichschaum-Platten mit
offenen Fugen,
b Passstücken für
Leitungen, Kanäle etc.
sowie integrierten
Leuchtkörpern für
reflexionsarme Messräume

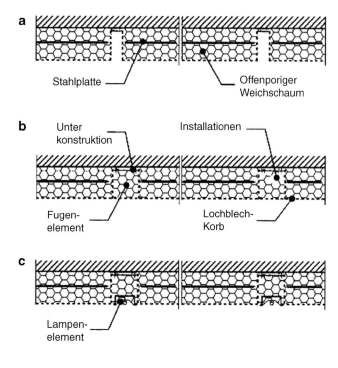

Frequenzen auf mitschwingenden Platten mit Abmessungen im m-Bereich beruhen, gestalten sich schwierig. Auch kann man bezweifeln, dass diese Forderung grundsätzlich Sinn macht. Sie ist offensichtlich von der Situation in einem wirklich ebenen Wellenfeld abgeleitet, in dessen aus hin- und rücklaufender Welle resultierendem Stehwellenfeld sich gemäß Gl. (8) und Tab. 1 eine Welligkeit von gerade ±1 dB ergibt, wenn der Absorptionsgrad 0,99 beträgt. Tatsächlich hat man es insbesondere in den stets möglichst klein gebauten reflexionsarmen Räumen RaR näherungsweise eher mit Kugelwellen zu tun, deren Amplitude nicht konstant ist, sondern sich näherungsweise wie − 20 lg r mit ihrem Laufweg kontinuierlich ändert.

Dennoch kann es in besonderen Fällen, bei denen es um Untersuchungen an schmalbandig abstrahlenden Quellen geht, u. U. Sinn machen, die BKA-Auskleidung mit einem vorderseitig geeignet strukturierten porösen Absorber zu kombinieren [1, Abb. 15.35]. Wenn man dem Schall den Eintritt in die poröse Schicht z. B. aus Melaminharzschaum durch eine spezielle Formgebung wie in Abb. 52 noch etwas erleichtert, dann gelingt es, die Absorptionsgrade herkömmlicher

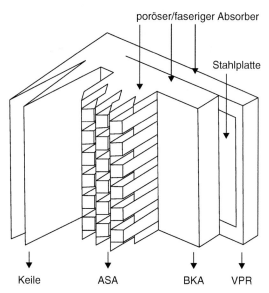

Abb. 52 Verbundplatten-Resonatoren VPR, Breitband-Kompaktabsorber BKA und Asymmetrisch Strukturierte Absorber ASA als alternative reflexionsarme Raumauskleidungen (schematisch)

Absorber noch zu übertreffen bzw. ihre Wirksamkeit bei hohen wie tiefen Frequenzen mit deutlich geringerer Bautiefe zu erreichen. Dies gelingt dadurch, dass die Asymmetrisch Strukturierten

Abb. 53 Reflexionsarme
Messhalle zur Simulation
der Außengeräusche bei der
Vorbeifahrt eines
Straßenfahrzeugs nach DIN
ISO 362: 2003 nach [66]
(Foto: Faist Anlagenbau)

Absorber ASA nicht nur passiv gemäß Abschn. 3 absorbieren, sondern wegen ihrer spezifischen Materialdaten auch vorteilhaft mit dem Schallfeld reagieren. Eine ausführlichere Darstellung der alternativen Auskleidungen für Freifeldräume findet sich in [1, Abschn. 15.4]. Dort werden auch weit über hundert Anwendungen der neuartigen Absorber-Technologien in RaR von diversen Akustik-Prüfständen, insbesondere auch in Aeroakustik-Windkanälen, aufgeblättert. Als Vorreiter für das dabei zugrunde gelegte Auslegungskonzept fungierten hier weltweit Hersteller und Zulieferer der Automobil-Branche. Abb. 53 zeigt z. B. die BKA- und ASA-Auskleidung (an der Decke) einer Vorbeifahrt-Messhalle im *Fraunhofer*-Zentrum Stuttgart.

Literatur

1. Fuchs, H.V.: Raum-Akustik und Lärm-Minderung. Konzepte mit innovativen Schallabsorbern und -dämpfern. Springer, Berlin (2017)
2. Cremer, L., Müller, H.A.: Die wissenschaftlichen Grundlagen der Raumakustik, Bd. II. Hirzel, Stuttgart (1976)
3. Cremer, L., Müller, H.A.: Die wissenschaftlichen Grundlagen der Raumakustik, Bd. I. Hirzel, Stuttgart (1978)
4. Tennhardt, H.P.: Messung von Nachhallzeit, Schallabsorptionsgrad und von Materialkennwerten poröser Absorber. In: Fasold, W., Kraak, W., Schirmer, W. (Hrsg.) Taschenbuch der Akustik, Kap. 4.4. Verlag Technik, Berlin (1984)
5. Fasold, W., Sonntag, E., Winkler, H.: Bau- und Raumakustik. Verlag für Bauwesen, Berlin (1987)
6. Fasold, W., Veres, E.: Schallschutz und Raumakustik in der Praxis. Verlag für Bauwesen, Berlin (2003)
7. Kuttruff, H.: Raumakustik. In: Heckl, M., Müller, H.A. (Hrsg.) Taschenbuch der Technischen Akustik, Kap. 23. Springer, Berlin (1994)
8. Hohmann, R.: Materialtechnische Tabellen. In: Fouad, N.A. (Hrsg.) Bauphysik-Kalender 9, Kap. E. Ernst & Sohn, Berlin (2009)
9. Meyer, J.: Akustik und musikalische Aufführungspraxis. Bochinsky, Frankfurt (1995)
10. Slawin, I.I.: Industrielärm und seine Bekämpfung. Verlag Technik, Berlin (1960)
11. Zwicker, E.: Psychoakustik. Springer, Berlin (1982)
12. Lazarus, H., et al.: Akustische Grundlagen sprachlicher Kommunikation. Springer, Berlin (2007)
13. Fuchs, H.V., et al.: Creating low-noise environments in communication rooms. Appl. Acoust. 62(2), 1375–1396 (2001)
14. Zha, X., Fuchs, H.V., Drotleff, H.: Improving the acoustic working conditions for musicians in small spaces. Appl. Acoust. **63**(2), 203–221 (2002)
15. Lotze, E.: Luftschalldämmung. In: Schirmer, W. (Hrsg.) Technischer Lärmschutz, Kap. 5. VDI-Verlag, Düsseldorf (1996)
16. Piening, W.: Schalldämpfung der Ansauge- und Auspuffgeräusche von Dieselanlagen auf Schiffen. VDI-Z **81**(26), 770–776 (1937)
17. Frommhold, W.: Absorptionsschalldämpfer. In: Schirmer, W. (Hrsg.) Technischer Lärmschutz, Kap. 9. VDI-Verlag, Düsseldorf (2006)
18. Gruhl, S., Kurze, U.J.: Schallausbreitung und Schallschutz in Arbeitsräumen. In: Schirmer, W. (Hrsg.) Technischer Lärmschutz, Kap. 13. VDI-Verlag, Düsseldorf (2006)
19. Lotze, E.: Luftschallabsorption. In: Schirmer, W. (Hrsg.) Technischer Lärmschutz, Kap. 6. VDI-Verlag, Düsseldorf (2006)

20. Möser, M.: Technische Akustik. (7. Aufl.). Springer, Berlin (2007)
21. Delany, M.E., Bazeley, E.N.: Acoustical properties of fibrous absorbent materials. Appl. Acoust. 3(2), 105–116 (1970)
22. Mechel, F.P.: Schallabsorption. In: Heckl, M., Müller, H.A. (Hrsg.) Taschenbuch der Technischen Akustik, Kap. 19. Springer, Berlin (1994)
23. Fuchs, H.V., Möser, M.: Schallabsorber. In: Möser, M., Müller, G. (Hrsg.) Taschenbuch der Technischen Akustik, Kap. 9. Springer, Berlin (2004)
24. Fuchs, H.V. et al.: Schallabsorber und Schalldämpfer. Innovatorium für Maßnahmen zur Lärmbekämpfung und Raumakustik, Teil 1–6. Bauphysik 24(2), 102–113; 24(4), 218–227; 24(5), 286–295; 24(6), 361–367; 25(2), 80–88; 25(5), 261–270 (2002/2003)
25. Fuchs, H.V.: Applied Acoustics: Concepts, Absorbers, and Silencers for Acoustical Comfort and Noise Control. Springer, Berlin (2013)
26. Zha, X., Fuchs, H.V., Späh, M.: Messung des effektiven Absorptionsgrades in kleinen Räumen. Rundfunktechn. Mitt 40(3), 77–83 (1996)
27. Bies, D.A., Hansen, C.H.: Engineering Noise Control. E&FN Spon, London (1996)
28. Morse, P.M., Ingard, K.U.: Theoretical Acoustics. McGraw-Hill, New York (1968)
29. DIN 52212–1961 Bestimmung des Absorptionsgrades im Hallraum
30. Fuchs, H.V.: Funktionelle Akustik – Die Nachhall-Charakteristik des Raumes als Basis für seine Nutzbarkeit. Teil 1–5. Bauphysik 33(1), 3–14; 33(2), 77–86; 33(3), 127–137; 33(4), 195–206; 33(5), 261–273 (2011)
31. Fuchs, H.V., Zha, X., Pommerer, M.: Qualifying free-field and reverberation rooms for frequencies below 100 Hz. Appl. Acoust. 59(4), 303–322 (2000)
32. Zhou, X., Heinz, R., Fuchs, H.V.: Zur Berechnung geschichteter Platten- und Lochplatten-Resonatoren. Bauphysik 20(3), 87–95 (1998)
33. Kiesewetter, N.: Schallabsorption durch Platten-Resonanzen. Gesundheitsingenieur 101(1), 57–62 (1980)
34. Ford, R.D., McCormick, M.A.: Panel sound absorbers. J. Sound Vib. 10(3), 411–423 (1969)
35. Chladni, E.E.F.: Entdeckungen über die Theorie des Klanges. Leipzig (1787)
36. Rayleigh, L.: Theory of Sound. Macmillan, London (1877)
37. Ritz, W.: Theorie der Transversalschwingungen einer quadratischen Platte mit freien Rändern. Ann. Phys. 28, 737–786 (1909)
38. Cremer, L.: Physik der Geige. Hirzel, Stuttgart (1981)
39. Hurlebaus, S., Gaul, L., Wang, J.T.S.: An exact series solution for calculating the eigenfrequencies of orthotropic plates with completely free boundary. J. Sound Vib. 244(5), 747–759 (2001)
40. Schirmer, W.: Schwingungen und Schallabstrahlung von festen Körpern. In: Schirmer, W. (Hrsg.) Technischer Lärmschutz, Kap. 4. VDI-Verlag, Düsseldorf (2006)
41. Leistner, P., Fuchs, H.V.: Schlitzförmige Schallabsorber. Bauphysik 23(6), 333–337 (2001)
42. Kautsch, P., Ferk, H., Hengsberger, H.: Grundlagen, Stand und Trends in der Bau- und Raumakustik. In: Fouad, N.A. (Hrsg.) Bauphysik-Kalender 9, Kap. A5. Ernst & Sohn, Berlin (2009)
43. Fuchs, H.V., Frommhold, W., Sheng, S.: Akustische Eigenschaften von Membran-Absorbern. Gesundheitsingenieur 113(4), 205–213 (1992)
44. Hunecke, J., Zhou, X.: Resonanz- und Dämpfungsmechanismen in Membran-Absorbern. In: VDI Berichte 938, S. 187–196. VDI-Verlag, Düsseldorf (1992)
45. Fuchs, H.V., Ackermann, U., Fischer, H.M.: Membran-Bauteile für den technischen Schallschutz. Z Lärmbekämpf 37(4), 91–100 (1990)
46. Vér, I.L.: Enclosures and wrappings. In: Beranek, L.L., Vér, I.L. (Hrsg.) Noise and Vibration Control Engineering. Chap. 13. Wiley, New York (1992)
47. Kurtze, G., Schmidt, H., Westphal, W.: Physik und Technik der Lärmbekämpfung. G. Braun, Karlsruhe (1975)
48. Teige, K., Brandstätt, P., Frommhold, W.: Zur akustischen Anregung kleiner Räume durch Luftauslässe. Z Lärmbekämpf 43(3), 74–83 (1996)
49. Fuchs, H.V., Voigtsberger, C.A.: Schalldämpfer in Wasserleitungen. Z. Wärmeschutz, Kälteschutz, Schallschutz, Brandschutz, Sonderausgabe, S. 46–80 Bd. 8, No. 52 (1980)
50. Cremer, L., Möser, M.: Technische Akustik. Springer, Berlin (2003)
51. Fücker, P.: Reflexionsschalldämpfung mittels Reihenresonator. In: Schirmer, W. (Hrsg.) Lärmbekämpfung, Kap. 13. Tribüne, Berlin (1979)
52. Munjal, M.: Acoustics of Ducts and Mufflers. Wiley, New York (1987)
53. Galaitsis, A.G., Vér, I.L.: Passive silencers and lined ducts. In: Beranek, L.L., Vér, I.L. (Hrsg.) Noise and Vibration Control Engineering. Kap. 10. Wiley, New York (1992)
54. Fuchs, H.V., Eckoldt, D., Hemsing, J.: Alternative Schallabsorber für den industriellen Einsatz; Akustiker suchen nach faserfreien Schalldämpfern. VGB Kraftwerkstechnik 79(3), 76–78 (1999)
55. Kurtze, G.: Wirtschaftliche Gestaltung von Schallschluckdecken. VDI-Zeitschrift 119(24), 1193–1197 (1977)
56. Maa, D.-Y.: Theory and design of microperforated panel sound absorbing constructions. Sci. Sin. 18(1), 55–71 (1975) (Chinesisch)
57. Fuchs, H.V., Zha, X.: Einsatz mikro-perforierter Platten als Schallabsorber mit inhärenter Dämpfung. Acustica 81(2), 107–116 (1995)
58. Kang, J., Fuchs, H.V.: Predicting the absorption of open weave textiles and micro-perforated membranes backed by an air space. J. Sound Vib. 220, 905–920 (1999)
59. Fuchs, H.V., Drotleff, H., Wenski, H.: Mikroperforierte Folien als Schallabsorber für große Räume. Technik am Bau 10, 67–71 (2002)

60. Fuchs, H.V., Zha, X.: Micro-perforated structures as sound absorbers – a review and outlook. Acustica **92**(1), 139–146 (2006)

61. Potthoff, J., Essers, U., Eckoldt, D., Fuchs, H.V., Helfer, M.: Der neue Aeroakustik-Fahrzeugwindkanal der Universität Stuttgart. Automob. Z. **96**(7/8), 438–447 (1994)

62. Eckoldt, D., Hemsing, J.: Kamin mit eckigem Innenzug als integralem Schalldämpfer. Z. Lärmbekämpf **44**(4), 115–117 (1997)

63. Fuchs, H.V., Lamprecht, J., Zha, X.: Lärmbekämpfung in Bildungsstätten: Kanten-Absorber für besseres Verstehen und Lernen. Lärmbekämpfung **7**(4), 190–200 (2012)

64. Fuchs, H.V.: Endlich Ruhe im Hort! Eine akustische Muster-Installation nur in den Raumkanten. Bauphysik **35**(2), 125–131 (2013)

65. Leistner, P., Hettler, S.: Schallabsorption mikroperforierter Lüftungskanäle. HLH – Heizung Lüftung Klima Haustechnik **55**(2), 32–36 (2004)

66. Teller, P., Brandstätt, P.: Labor für Fahrzeugakustik und simulierte Vorbeifahrt. In: 36. Deutsche Jahrestagung für Akustik – DAGA 2010, Berlin, 971–972 (2010)

Printed in the United States
By Bookmasters